男人要经得住诱惑，女人要耐得住寂寞

龙春华◎著

成都时代出版社
CHENGDU TIMES PRESS

图书在版编目(CIP)数据

男人要经得住诱惑，女人要耐得住寂寞 / 龙春华著. --
成都：成都时代出版社，2014.5
ISBN 978-7-5464-1081-4

Ⅰ. ①男… Ⅱ. ①龙… Ⅲ. ①情感-通俗读物 Ⅳ.
①B842.6-49

中国版本图书馆 CIP 数据核字(2014)第 016399 号

男人要经得住诱惑，女人要耐得住寂寞
NANREN YAO JINGDEZHU YOUHUO NüREN YAO NAIDEZHU JIMO
龙春华◆著

出 品 人　段后雷
责任编辑　周　慧
责任校对　李　航
装帧设计　李艳春
责任印制　干燕飞

出版发行　成都时代出版社
电　　话　(028) 86621237 (编辑部)
　　　　　(028) 86615250 (发行部)
网　　址　www.chengdusd.com
印　　刷　北京晨旭印刷厂
纸张尺寸　880mm×1230mm　1/32
印　　张　13.25
字　　数　280 千字
版　　次　2014 年 5 月第 1 版
印　　次　2014 年 5 月第 1 次印刷
书　　号　ISBN 978-7-5464-1081-4
定　　价　32.00 元

前　言

男人是射猎者，崇尚征服，痴迷扩张占有；女人是守家者，痴迷相夫教子，安于家内。所以，考验男人的是诱惑，考察女人的是寂寞。

诱惑是外扰，寂寞是内忧；诱惑考验定力，寂寞考察心境。在这个日益浮躁的社会，生活中的各种诱惑，比如，权力、荣誉、美色、金钱、地位等，就像无处不在的空气一般，时时刻刻诱惑着男人那脆弱的灵魂。经得起诱惑的男人因为守住了精神底线，参悟了人生的真谛，做出惊人的伟业；经不起诱惑的男人无视道德的存在，成了诱惑的俘虏，跌倒在地狱的深渊里。

在这个女权复苏的时代，越来越多的女人不再像从前那样甘于相夫教子，而是迈着矫健的步伐走向广阔的天地。然而寂寞就是一段无人能陪的旅程，女人从寂寞中来，又终会走向寂寞，寂寞时时刻刻困扰女人那颗脆弱的心灵。女人因为耐得住寂寞，而又不甘于沉沦，所以成功；女人因为耐得住寂寞，守住心灵的一片宁静，所以幸福。

所以，男人要经得起诱惑，女人要耐得住寂寞。诱惑考验的是男人的定力。男人要经得起诱惑，就要练就坚强的意志，用意志抵制诱惑。要知道，一颗缺乏约束的心是空虚的、游离的，就好像一个失去了家园的灵魂，一棵失去了根的大树，一条失去源头的大江，最后只能堕落，只能枯萎……

寂寞考察的是女人的心境。女人要耐得住寂寞，就要练就一颗淡然的心，在寂寞中散发出女人特有的美丽。淡定的女人不寂寞，读懂寂寞的女人、耐得住寂寞的女人，一定是最坚强、最温柔、最有魅力的女人！

基于男人与女人的差异，我专门写了《男人要经得起诱惑，女人要耐得住寂寞》这本书。在本书中，我将男人要经得起诱惑列为上篇，女人要耐得住寂寞列为下篇，立足于现实，基于自身的内心体会，从人生的各个角度展开详细论述，有故事，有感悟，言简意赅，通俗易懂……意在为广大读者带来心灵的盛宴，希望能与大家产生共鸣。

如果你是男人，此时正在为诱惑苦苦挣扎，那么此书就像一盏明灯，为苦苦挣扎的你指明前进的道路；如果你是女人，此时正因为寂寞而梨花带雨般地落泪，那么此书就像一汪清泉涌进你的心里，让你浮躁的心灵顿时宁静起来，享受寂寞所散发出的芳香。

“经得起诱惑，耐得住寂寞”是一种人生境界，是实现梦想过程中必须练就的一项素质，更是一种坚定的人生信念与态度！只有经得起身外的诱惑，才能成就自我；只有耐得住内心的寂寞，才能修成正果。

佛说：“魔由心生。”只有静下来，才能由定生慧，才能做到六根清净、处变不惊。经得起诱惑，耐得住寂寞，是获得成功与幸福的不二法门；耐得住寂寞，经得起诱惑，心如止水不动尘，方能大彻大悟，提升人生的品质，实现人格的净化，从而达到大自在的人生境界。

古往今来的智者贤者，无不经得起诱惑，耐得住寂寞，安于平静，追求内心的纯净。所以，不管你是男人，还是女人，都要让自己的灵魂归位，做一个淡定的人，做一个从容的人，做一个豁达的人，最终让自己成为一个快乐自己也幸福他人的人。

目 录

上 篇　男人要经得住诱惑

第一章
自由——诱惑无处不在，男人你要经得住诱惑

第二章

财富——响当当的诱惑，男人的钱包男人的命

第三章

权势——雄赳赳的诱惑，最好的外衣并不舒服

第四章

地位——气昂昂的诱惑，输了地位就输了尊严

第五章

名誉——热腾腾的诱惑，名誉的光环蒙蔽双眼

第六章

机遇——火辣辣的诱惑，机遇往往与陷阱并存

第七章

色情——羞答答的诱惑，色字头上架着一把刀

第八章

爱情——美滋滋的诱惑，见异思迁会错失真爱

第九章

婚姻——暖洋洋的诱惑，走进围城则平淡似水

下 篇 女人要耐得住寂寞

第一章

女人如花，寂寞如叶

第二章

因为寂寞而成长，因为成长而寂寞

第三章

品味寂寞，在寂寞中认清真实的自我

第四章

淡定的女人，寂寞之后的华丽转身

第五章

与寂寞结伴而行，泪水与成功相互交织

第六章

女强人，繁华的背后掩藏着寂寞的心

第七章

爱是一种寂寞的痛，不因寂寞而恋爱

第八章

婚姻围城里，耐得住寂寞的女人最幸福

第九章

孤独并寂寞着，幸福并快乐着

上篇
男人要经得住诱惑

男人作为射猎者，在广阔无垠的大千世界里常常会面临无数诱惑。男人有多少欲望，就会面临多少诱惑。金钱、美色、美食、名誉、地位等无一不是男人想要拥有的。所以，对男人来说，位高权重是诱惑，数得哗啦啦响的钞票是诱惑，光环般的荣誉是诱惑……

然而，这些诱惑就像《圣经》里的蛇一样，往往会诱惑男人犯错，把男人带进无尽的深渊，身败名裂，倾家荡产，妻离子散……可以说，没有哪一个男人希望拥有如此的人生，都希望过幸福快乐的生活。假如你想幸福快乐地走完这一生，那么就要用定力抵制诱惑，做一个最纯粹、最坚强、最幸福的男人！

第一章

自由——诱惑无处不在，男人你要经得住诱惑

有人说，对待男人就像在蓝天底下放风筝，给他自由，生命才有意义，才能存活更久。适当放一放，他才能飞得更高更远。给他自由，就意味着放飞的风筝将会经历一次又一次与白云、与小鸟、与蓝天、与山与河的邂逅并受到诱惑。不过，风筝线始终在你手里。

1. 诱惑无处不在，今天你被诱惑了吗

男人有多少欲望，就会面临多少诱惑。人生处处是诱惑。

记得曾看过崔永元拒绝剪彩的文章。有一次，著名主持人杨澜采访崔永元时，问道：“你迄今为止遇到的最大诱惑是什么?”

同为著名主持人的崔永元想都没想，直接回答道：“钱，走穴。有人曾经开高价让我给一个楼盘剪彩，最高开到一剪子 50 万元。”

“那你为什么没有去呢?”杨澜问道。

崔永元很直率地回答道：“我怕我抵制不住如此高价的诱惑，我是没办法抑制自己的一个人。所以我想，万一我一旦爱上了剪彩后，谁都挡不住我。还是别沾这个事儿。今天我坐在你面前，坦诚地告诉你，我还是非常爱钱的。真的，我就是不敢用这种方式去挣。”

在当今这个物欲横流的世界、房子、车子、旅游、上学、看病……生活种种，没有钱是万万办不到的。男人们一来到

这个世界，会有这样或那样的需求。会受到来自物欲、色欲、权欲和财欲各方面的诱惑。

诱惑，如果转化为追求，它会让一个孩子寒窗苦学十余载只为考取梦想的大学殿堂；它也会让贫苦的农民走上财富生活的康庄大道。诱惑，如果转化为贪婪，它会让曾经高风亮节的官员堕入贪污受贿的深渊；它也会让一个男人踏进抛弃妻子、寻花问柳的泥淖。

诱惑，可以让男人坚定一个目标，也能让他们迷乱彷徨。它是一张多变的美女的脸。有时候它变出一张青春的脸，让男人为一段美好的恋情而努力追逐。有时候它又生出一副狐媚的脸，让男人疯狂，让男人失去理智，做出种种危险自残的举动。正如人们说，美好的东西引人奋发向上，而罪恶的东西却让人自甘堕落。生活中充满着各色的诱惑。有时候是男人追逐诱惑，有时候是诱惑引诱着男人。无处不在的诱惑，男人该怎样面对？该如何选择？男人又该怎样自持一份定力？

人生感悟：诱惑对于很多男人而言是陷阱，甚至会使他们坠入万劫不复的深渊。如果你经不起诱惑，那么只能走向地狱；如果你经得起诱惑，如同文中的主人公，诱惑也许只不过是一个迈向光明的考验。你到底会成为哪种人，取决于你有几分面对诱惑时的定力。

2. 男人只有经得起诱惑，才能获得真正的自由

华美的酒会。桌子的两边，坐了男人和女人。

“我喜欢你。”女人直截了当地向男人表白，自信而从容。

“对不起，我有老婆。”男人低着头，摸着自己手上的戒指，镇静地说道。

“我不在乎，我只想知道，你喜欢我吗？”女人倔强地问道。

23岁，正值青春的年纪，有朝气、有活力，白皙的皮肤，娇好的身材，一双明亮妩媚的眼睛。这样的女人，哪个男人不喜欢呢？

“我甚至可以当你的情人。”女人终于打破沉默，追加了一句。

“你喜欢我什么？”男人抬起头来，反问道。

女人一股脑地说道：“成熟，稳重，举手投足间都透露着男人味。大气又不失细心，懂得关心人……很多很多。总之，和我之前见过的很多男人都不同，你很特别。”

“三年前，我跟你现在眼里的那些普通男人没什么区别。”

男人没理会女人，自顾自地说道，“普通大学毕业，工作不顺心，整天喝酒抽烟，还发脾气。对女孩子爱理不理，还因为去夜总会找小姐，被警察抓过。直到遇到她——我太太。”

“她教我很多东西，让我不要太计较得失，不要太在乎眼前的事，只要努力，就一定会过上幸福的生活。我们刚结婚时，日子真是苦。两个人，一张床，家具少得可怜。结婚一年后，我才给她买了第一枚钻戒。无论多晚，她都开着灯等我回来，冬天的晚上她给我煲汤……”男人显然已经沉醉于回忆里。

最后，他很绅士地站起身，对着发呆讶异的女人说：“你会找到一个对你好的男人，而我，属于另一个人。”

家里有盏灯为你亮着，有个人等着你的归来。人生最美的理想也不过如此吧。可是，很多不愿意走进婚姻殿堂的男人会世俗地说，婚姻是爱情的坟墓，婚姻会葬送自由和激情。他们绝大多数人在面对诱惑的时候，都会忘记当初的美好理想，因为那不过是一盏灯和一个等你的身影。根生枝叶才能繁茂。男人心中有理想，有坚定的信念，无论风吹雨打，牢守这个信念，才能获得最大的快乐，也才能得到理想中的自由。

人生感悟：人的一生，会有无数个欲望，无数梦想。男人更是如此。事业、金钱、美色、成就感……欲望多了，诱惑也就多了。面对美色的诱惑，只要心怀感恩、坚守心中那一方净土，哪怕你有一天迷失了方向，但只要抬起头，看看天空的北斗星，也能找到回家的路。

3. 没有经历诱惑洗礼的男人不算真男人

大家都知道陈世美和秦香莲的故事。陈世美以前在乡下足不出户一心只读圣贤书的时候，不算真男人，因为他没有经历过诱惑的洗礼。后来，他中了状元，却因为抵挡不了权力与美色诱惑，娶了公主，沦为坏男人。所以，真男人一定能经得起诱惑的洗礼。

和平年代，对男人来说，金钱、权势、美女，无一不是诱惑。因为诱惑是花花世界中一种必然的存在。根据《圣经·创世纪》记载，耶和华造就了一男一女，在一派平和的伊甸园，夏娃受了蛇的诱惑偷吃了禁果，亚当又经不住夏娃的诱惑也吃了禁果，而他们却因为诱惑成了人类的祖先。

人类的始祖已经证明：经历诱惑是一个人人生的升华。所以，真男人更应该勇敢地对全世界说：我不怕诱惑！就像大江从不怕悬崖。真金不怕火炼，面对诱惑，经历诱惑，能成就一个男人的坦荡胸怀、率真态度与战胜自我的信心，从而使其成为真男人。

影星刘德华从 20 岁时进入娱乐圈成为偶像直至 50 岁，风风雨雨30年，这期间他所经历的诱惑不只是美色，还有名和利。名和利随时都有可能让一个人从高峰跌到谷底。然而，就在他的同行们传出一个又一个绯闻时，他仿佛是绯闻的绝缘体，与太太朱丽倩相伴相守20年，虽不曾公开，但他的态度已说明一切，他是一个有责任有担当的真男人。现已为人夫、为人父的他，再出现在大众媒体前时，呈现给大家的，更有一种说不清道不尽的男人味。

其实，诱惑是花花世界中一种必然的存在，既可以是陷阱，也可以是垫脚石，甚至是某种契机。经受住诱惑的男人，得到了安详；经不住诱惑的男人，得到了痛苦。每个男人都知道什么是诱惑，但是有人被诱惑踩在了脚下，有人把诱惑踩在了脚下。谁主沉浮，主要考验的还是男人的心灵。所以，男人在面对诱惑时，应该遵循过马路的交通规则：一停二看三通过。

人生感悟：一个男人只有经历了各色诱惑，才懂得生命中哪些东西应该去珍惜。经历得越多，才越能经受得住诱惑。一个男人如果可以心安理得地过风轻云淡的日子，那一定是气宇轩昂、正气凛然的真男人。

4. 男人从一出生就生活在各种诱惑中

公元前44年，安东尼掌管西罗马，版图包括现在的埃及。有一次，安东尼在巡游埃及时，遇到了妖艳的埃及王后，抵挡不住美色诱惑，听从埃及王后的怂恿，派兵征讨东罗马，结果在一场关键性战役中战败。一年后，安东尼自杀身亡。死前，他仰天叹息："我是被诱惑刺死的!"

男人的一生，从出生到走向墓穴，必定要越过许多障碍，闯过许多道关，面临无数诱惑。小时候，五颜六色的糖果便是男人最大的诱惑。他们抑制不住地狼吞虎咽，可能若干年后，嘴里就是一片黑黝黝的"森林"，长满了蛀牙。更大一些时，无数网游像诱饵似的向他们伸来，很多男孩像是着了魔，沉迷于网吧，沉溺在网游这个虚幻缥缈的世界，被它深深地吸引住，被推向深渊，被死死围困在黑暗的角落里，不能自拔。

更大一些，懂得爱情时，却面临着色欲的诱惑。美女如云，男人总是喜欢左拥右抱，结果，错失了真爱。再后来，有了妻子，可很多男人仍然抵挡不住小三的诱惑……男人这一生总有各种诱惑不期而至。

诱惑，就像一群与生俱来的战争对手，男人倾其一生都要与之斗争。有时他们是朋友，有时他们是敌手。我敢说，就算是恋人，也赶不上他们复杂的情感纠葛。不过，聪明的男人懂得将对手巧妙地演变为朋友。诱惑至此都不算诱惑，反倒成了男人前进的一种动力。

人生感悟：男人的一生，从呱呱坠地到垂垂老矣，从青春年少到风烛残年，必定会经历无数诱惑。比如权势、比如金钱、比如美色，比如我们说不上来的许多其他欲念。诱惑之多，只能从容面对，而后抵挡，然后微笑着与之和平共处。

5. 诱惑不是男人堕落的借口

曾经走过一座教堂门前，发现教堂门前的草坪上立着一块牌子，上面写着这样一句话："如果你对诱惑厌倦了，请进来。"很快又发现牌子下边用红唇膏写着另一行字："如果不厌倦，请打电话到阿曼顿区×××号。"

天使因为有魔鬼的对应才显得圣洁美好，而诱惑正是因为具有正邪两种力量的相互较量而存在。所以，诱惑可能是绊脚石，也可能是垫脚石。它并不等于堕落，更不是堕落的借口。

王永庆，台湾的经营之神。即使已经 86 岁，他依然坚持每天早上 5 点半起床，跑步 10 千米，多年来一直坚持，风雨无阻。可以说，王永庆是在抵制“懒神”的诱惑。

然而，有些年轻小伙子却常常为看球赛、电视剧或者跟人海聊熬到深夜，第二天早上睡懒觉等，这不过是顺从诱惑的结果。如果一个人连抵制诱惑的念头都不曾有，只是一味地顺从诱惑，那么终将走向堕落。

人生往往在于你自己的选择。如果你选择抵抗诱惑，那么你就要接受人生的各种“考验”。男人生来就是“被考验动物”，一辈子都在被考验，只要你经受住了各种考验，那么你就成功了。即使你没有经受住考验，你也成长了。可是，如果你选择顺从诱惑，那么你就只有一个结果——走向堕落。

所以，诱惑不是堕落的借口，假如你害怕诱惑，不敢挑战诱惑，那么这时的诱惑便成了你人生道路上的绊脚石。如果你想把这块绊脚石变成垫脚石，那么就要抵制诱惑，就要练就过硬的自制力，就要与自己的人性弱点对抗到底。事实证明，一个人对抗自己弱点的力量越强就越能取得成功。

人生感悟：亚当也许从不后悔被蛇诱惑，因为诱惑，让他知道羞耻懂得害羞。男人大都喜欢被诱惑，首先它有美妙的视觉冲击力，它唤醒男人内心已经拥有的一切，欲望、意志或者道德。但，诱惑不等同于堕落，因为诱惑就走违背道德的下坡路为上帝所不容。

6. 所有的诱惑都是有趣的，一开始就像游戏

有人说男人的悲哀莫过于两种：一种是欲望的消失，一种是欲望的实现。没有欲望就没有原动力，就没有世间的一切，但是过度的欲望却往往成为灾难的导火线，也许这灾难将燃烧，蔓延至生活的各个角落。其实，欲望一开始都是有趣的，否则，男人也不会为它赴汤蹈火，只是他们不知道“有趣”并非单向的东西，它的背后往往隐藏着昂贵的代价。

韩国电影《红字》中，男主人公是警察。他的生活动力来自于他的两大喜好：侦探和音乐。所以他选择警察做职业，娶了一个拉大提琴的妻子，还有一个做歌手的情人。温柔贤惠的妻子静静地做着临产的准备，尽管知道丈夫有情人，但还是忍耐着。情人的热辣野性疯狂主动充分地迎合了男主人公的喜好。然而，这一切虽然很“有趣”，但也使男人终日忐

忑，犹如走在钢丝上。

这是一部表现欲望与诱惑的影片，在欲望面前，诱惑像一杯鸡尾酒，炫目的色彩，浓烈的香味，令人无法抗拒，所以故事中的男主人公没有拒绝诱惑，虽然他有过迟疑，但是最终还是饮下了这杯鸡尾酒，为此付出了昂贵的代价。

故事的结局是在一场婚外纵欲中发生了意外，情人死了。他却活了下来，然而虽生犹死。当他孤独无依地坐在情人家里，看着空荡荡的房间，发出的是野兽般绝望的哭嚎。

红尘男女在充满诱惑的世界中挣扎、纠缠，飘飘欲仙。他们寂寞沉沦，他们歇斯底里。他们克制欲望成全了孤独，他们放纵欲望又屈服于悔恨。无论如何，没有欲望，没有诱惑，这个世界是单调和无聊的。

就如电影《红字》一开始所说："所有的诱惑都是有趣的，开始总是像游戏，为什么要躲避它呢？"抵制诱惑的最好方法就是置身于诱惑之外，就像看影碟，男人永远在那些故事中的欲望之外，感受着故事的乐趣而永远不越过底线也永远不受伤害。

人生感悟：每一种欲望一开始都是惊险刺激有趣的，每一个开始都让男人们心惊肉跳却还执迷不悟越陷越深。然而玩火必自焚，欲望的烧灼只会使他们变得更加愚蠢。男人的愚蠢还在于他不知道"有趣"只是一个开始，乐趣的背后往往是昂贵的代价，有时甚至是鲜血和生命。

7. 成功抵制诱惑是内因与外因的双重结果

有个供大家一乐的笑话，说出来与诸君分享：有个男人准备结婚，可是发现自己的小姨子成天有意无意地在自己面前晃悠，打扮得花枝招展，穿着紧身低胸的连衣裙，让他心生疑惑的是她从不在别的男人面前这样。男人私下判定：小姨子是对自己有意思，他的心怦怦乱跳，犹如小鹿乱撞。

果然，有一天小姨子打他手机，让他去看看请柬的准备情况。当他到她家时，迎接他的是一双充满欲望、期待和诱惑的眼睛——我在卧室里等你，如果你决定了，就上楼来找我。

男子血脉涌动，脸憋得通红，他拼命控制自己的激动情绪，不断地咽口水，大约呆立了一分钟之后，他突然转身，拉开大门，跑向他的汽车……

等他转过身，三步并做两步跑向大门时，站在那里迎接他的是未来的岳父岳母还有准新娘，他们欢呼雀跃：“好样的，你已经通过我们家的美人计测试，欢迎你加入到我们的大家庭中。”男人的脑门刹那间“嗖”地冒出阵阵冷汗，暗自想把安全套放在自己的车里是多么的重要啊！

很多时候，面对美色，男人是没有免疫力的。但是事物总是有内因和外因，虽然男人已宣告投降，但是这个社会还有比如信任、愧疚等无形的外在力量约束着自己。故事里的安全套也许就是这样一个寓意：哪怕我们抵御诱惑失败，起码还有另一重监督力量时刻提醒着自己。

男人经历重重诱惑，闯过一个又一个欲望的关卡，就好比打一场游戏，欲望虽然在促使自己按捺不住前进，但艰难闯下的每一关都让男人们懂得，不是每道游戏的关卡都那么好过。哪里有危险，哪里需要避开，心中自有评判预测。但如果内因不起作用的时候，还有外因，就像舆论的压力。因为曾经沧海，这个男人时刻提醒自己曾经差点失去的真爱，他非常爱自己的妻子。诱惑此时就是一面镜子，照亮人们内心的黑暗点，让人慢慢地避开它，从而变得纯洁和圣洁。

人生感悟：一个男人能不能抵制诱惑，不是单纯由内因或者外因决定，而是内因与外因的双重结果。所以，男人在抵制诱惑时，不仅要加强自身修养，还要尽量避开那些容易犯错的地方，比如酒吧等地。

8. 亚当从不后悔被诱惑，男人欢迎被诱惑

《圣经》里有这样一个故事——

万能的上帝在东方建造了一个伊甸园，园中央有一棵大树：智慧树。接着，上帝造出了亚当，又取了他的一根肋骨造出了夏娃，他说这样亚当就不会孤单了。上帝告诉亚当和夏娃，智慧树上的果子有剧毒，千万不能吃。

上帝离开后，亚当和夏娃在伊甸园里快乐地生活着，饿了就摘野果吃，渴了就捧泉水喝，困了就睡在草地上，他们唱歌、跳舞，每一天都无忧无虑的。

蛇是伊甸园中最邪恶的动物，有一天，它问夏娃："想不想吃智慧树上的果子？"

夏娃大吃一惊，说："上帝说了，智慧树上的果子有毒，吃了会要人命的。"

狡黠的蛇说："上帝那是骗你的。如果你们吃了智慧树上的果子，就会发现善恶有别，获得智慧，就能变得跟上帝一样了。"

最终，夏娃经受不住蛇的诱惑，摘下一枚果子吃了。然

后，她又摘了一枚果子给亚当吃。亚当吃了以后，吃惊地发现自己和夏娃赤裸裸的身体是那么的不雅，他们顿时感到了羞耻，急忙用无花果叶盖住了自己的身体。

不久，上帝来到伊甸园，害羞的亚当和夏娃急忙藏了起来。上帝呼喊他们，他们却始终不敢回应。最后，上帝终于找到了瑟瑟发抖的亚当和夏娃，亚当告诉他："万能的上帝呀，您的声音让我感到害怕。"

上帝一下子就明白是怎么回事了，他说："如果你害怕，那一定是吃了我禁止你们吃的果子。"

亚当立即指着夏娃说："是她让我吃的。"

"是的，"夏娃答道，"可是，诱惑和欺骗我的是那条蛇。"

后来，愤怒的上帝把亚当和夏娃逐出了伊甸园，他们再也不能像从前那样没有烦恼了。

千百年来，这个故事不断地告诉人们，人类最原始的罪孽是因女人而起，男人接受不了女人的诱惑跟着一同犯罪。殊不知，亚当从来都不后悔被夏娃诱惑，要不然，他们哪里来的后嗣，哪里来的传说呢？

人生感悟：对男人来说，没有诱惑的世界是沉寂的，没有欲望的世界也是病态的，在这个灯红酒绿的世界，到处都有温柔的陷阱。如果我们能感知诱惑，证明我们还有一颗不僵化的心灵，并且，我们比别人多了一份享受生活的快乐。

9. 面对诱惑，定力不够就请远离

现如今男人每天要面对的诱惑已经太多。小时候的一粒糖、一根烟，再到网络、金钱、美女、权势、富贵、婚外恋，一个个的诱惑就像一个个万丈深渊。男人稍有不慎，就会一步步沉沦，深陷其中不能自拔。那么如何面对这些诱惑呢？

有一家大公司打算用高薪雇请一名小车司机。应聘者众多，经过层层面试之后，三名技术优良的竞争者进入了复试环节。主考官问道："假如悬崖边有一块闪闪发光的金子，现在我要你们开着车去取，你们觉得你们能距离悬崖多近去取而又不至于掉落呢？"

第一位司机毫不犹豫地回答："2 米。"

第二位司机自信满满地说："0.5 米。"

第三位沉默寡言的司机却说："我会尽量远离悬崖，愈远愈好。"

毫无疑问，第三位胜出。

其实，任何一个男人面对诱惑和欲望的掌控力都是有限的。所以如果你抵制诱惑的定力不够，那么不如远离诱惑，而且离得越远越好。

每个人做事都有自己的准则，面对不同的诱惑，不同的人会有不同的作为。定力强的男人，他看问题的深度要高于一般人，他会看到做这件事所带来的影响，所以不会陷入让自己被动的处境。而定力不够的男人，则看不到这件事所带来的后果，让自己深受其害。所以，对于定力不够的男人来说，你只需要有自知之明，尽量远离诱惑即可。

男人都想成为森林之王，成为那只勇猛的狮子，看见猎物迎难而上。但有时不妨做一只聪明的兔子，看见危险就快快地逃走吧。明知前方诱惑多多，没有能力抵制，最好的办法就是远离，所谓近朱者赤近墨者黑，多亲近境界高尚的人士，不断学习，提升个人修养。面对诱惑就多了一份从容。

人生感悟：勇敢地朝诱惑前进并没有错，但也要量力而行。男人，如果你拥有足够强的定力，那么不妨勇敢地挑战诱惑；如果你的定力不够，那么请远离诱惑。

10. 面对诱惑，时刻保持冷静

经常上网的李先生在一次 QQ 聊天中，发现系统忽然弹出来一条消息，说他被抽中成为腾讯年度幸运用户，将获得一台笔记本电脑，不过需要先支付定金。满怀疑虑的李先生细细研读网页上的文字，发现上面不但有公告员的名字，还有监督单位的名称和联系地址。李先生觉得这应该不是陷阱，于是他立刻给对方账户汇去了定金。可是从这之后就再也没有下文了，李先生这才发现自己被骗了，为此，他后悔莫及。

如此老掉牙的骗术竟然还能奏效，只能说明男人在面对金钱的诱惑时实在是免疫力低下。在金钱面前，李先生没能经受住诱惑。假如他能保持一颗冷静的心和清醒的头脑，仔细分析，找出破绽，或者询问别人，兴许就不会着了骗子的道儿。

天上从来不会掉下免费的馅饼，如果男人的贪念不能被有效约束，那么，掉进陷阱的可能性就会很大。类似的陷阱还有很多，例如，在北京公交车站的站牌上，时常会有一些重金求子的广告，大致意思是说某某年轻貌美的女士嫁给香港富商，但却没有生育子女。为了获得富商的财产，不惜重金寻找愿意与她生育的男子。一旦有人按照广告上留下的号码打过去，对方就会以种种理由要求你交钱，直到诈光你的钱财为止。可偏偏这种低级的骗财手段，竟会让无数人上当受骗。人性之贪婪，让我们不禁大呼：面对诱惑，务必要保持冷静！

其实，冷静地面对诱惑很简单，遵从内心最原始最真实的想法，用正确的价值观引领自己做出正确的选择。让自己的热情暂时冷却，冷静地想想这些选择会给男人自己或者他人带来怎样的后果。衡量一下面对一切诱惑造成的后果自己能否承受得起。金钱、名利、情感，无时不在挑战着男人的道德底线，网络的诱惑，追星的诱惑，名牌的诱惑……如果男人不能以顽强的意志坚持自我，今天受这个诱惑，明天受那个诱惑，最后只能是迷失自我。所以男人在面对诱惑时，要冷静地分析，权衡利弊，再抵抗诱惑。告别诱惑，洗尽铅华后，每个男人的人生将会呈现另一番美好天地。

人生感悟：没有耕耘便收获不了果实。每个男人面对诱惑，务必冷静，永远不要想当然地把自己当成不可一世的幸运儿，毕竟天下没有不要钱的午餐！

11. 如果感到诱惑你就拍拍手

没有男人不喜欢诱惑，如果某男人说自己正是这种人，那么我敢说，他一定是个伪君子。这样的男人其实是在质疑自己的意志力。现代真正的男子汉不怕诱惑，他们要做的是举起手来拍拍手，欢迎诱惑的到来。这大概是因为诱惑是供人欣赏的，不是逼人就范的，也不是让人追逐的。

对于男人而言，办公室里一个暧昧的眼神，一身暴露的装束，一封表示好感的邮件，一笔意外的巨款……这些都考验着男人的情商和智商，同时也考验着他们的意志力。如果说，某个男人面对这些诱惑不动心，那么这真是天大的骗局。要知道唐僧也曾被女儿国国王撩动过心弦，又何况我们这些凡夫俗子？

现代都市的男人，有过无数阅历，早已练就了一双火眼金睛。他们知道每一种诱惑来临，对于自己意味着什么。他们可以选择去碰，也可以决定不去触碰，这一切不过是一个小小的决定罢了。某种程度而言，诱惑对他们而言，不过是在舞台上自导自演的小丑，供自己一乐罢了。娱乐圈的明星，刘德华、成龙、冯小刚等诸位，谁不是趟着急湍河流颤颤巍巍走过来的？他们的人生正是因为有诱惑相伴相行，他们才散发出男人特有的魅力。

所以，男人需要诱惑，也欢迎诱惑的到来。没有诱惑，他们永远也不知道自己到底属于哪个层面的人。

男人，当你感觉诱惑时，你把它想象成帮助自己获取成功的垫脚石。如此，你就能拍拍手，欢迎它的到来。

人生感悟：诱惑并不是人们想象中的都是那样恐怖，相反，它还可能是你获取成功的垫脚石。所以，当你感到诱惑时，你拍拍手，欢迎它的到来。此时，你会发现诱惑也有另一种色彩。

第二章

财富——响当当的诱惑，男人的钱包男人的命

《圣经》要求人们用勤劳和正直获取财富，认为财富是罪恶之源，会毁掉一个人的灵魂和肉体。人和社会都会因为拥有财富而感到幸福，尤其是男人。财富，在某种程度上意味着自尊、自由和地位，这极大地诱惑着希望掌控自己的男人。然而，这些幸福感的财富来源又会招致多少种后果呢？

1. 有钱男子汉，无钱汉子难

小李毕业五年了，谈了恋爱，要结婚了，没钱买房。东拼西凑买了房子，婚后的日子过得紧巴巴。每次与同学参加聚会，都是 AA 制，大家考虑到小李的难处，总是象征性地让他出一点，尽量减少他的经济负担。同学们的好意小李能感受到，但是作为一个男人，他感到很难堪，骨子里有种叫自尊的东西在作祟。这让他逐渐有意识地减少参加同学聚会的次数。

但是朋友之间免不了也会聚会。有一次，一个朋友从北京来，几个好友约在一家高档会所玩，消费下来，人均 2000 元。虽然朋友出于好意并没有让他付钱。但是回家的路上，小李免不了一番感叹：几个小时的消费相当于自己一个月的工资。而自己的工资还要还房贷，还要拿出一部分寄回老家。除却生活费，算下来，真是所剩无几啦！

当下，贫富差距仍然很大。富人区里宝马奔驰排成几排，而贫困的家庭也许会为一个月吃几次肉争吵不休。社会虽有意抬高妇女的地位，但普遍来说，男人才是一个家庭核心，一个家庭的经济来源全部仰仗于此。见过很多家庭，一个男人的工资不仅要养老，还要养小，经济压力之大，不忍想象。

有人说，金钱不是万能的，买不来很多东西。但对于无钱的汉子来说，金钱虽不是万能的，但没有钱是万万不能的。有钱可以买大房子，有钱可以买好车，有钱可以给老婆过一个浪漫的生日。而这些都是没有钱不能办到的。

小李的心情像被千万把刀子在心口上一点一点地剜一样，痛极了。真是有钱男子汉，无钱汉子难啊!

很多男人的自尊来源于金钱，如同国家贫穷落后就要挨打，男人没钱也会同样遭人蔑视。“贫穷闹市无人问，富在深山有远亲”，富裕发达了朋友才遍布天下。要做男子汉，搞好家庭经济建设是势在必行的，只有这样，才不至于落到“无钱汉子难”的尴尬境地。

人生感悟：经济基础决定上层建筑。柴米油盐酱醋茶，这些是生活的基本，钱虽买不来一切，却是生活的必需。任何时候，男人们必须先谈生活，在保证温饱的基础上，再谈理想谈高尚吧。

2. 过多地追求金钱就成了欲望的毒果子

张强在一家公司担任财务总监一职，收入不错，有房有车。生活本来过得很惬意，但是张强并不满足现有的生活，他想要挣更多的钱，过更好的生活。

刚开始时，张强每个月除了领正常工资以外，还做一份兼职。虽然很累，但每次数着哗哗响的钞票，他的心里觉得美滋滋的。然而，这实在是累，很多时候都累得筋疲力尽。

慢慢地，张强发现了一个轻松而又快捷的赚钱方式。他偷偷挪用公司资金，再以高利息贷给别人。

最开始，张强只贷给自己熟悉的人，每到月底，都能获得丰厚的回报。可是，得到的钱越多，他内心的欲望就越膨胀开来。终于有一次，他冒着很大的风险，将自己全部资金以及公司的部分资金全贷给一个所谓的“老板”。

就在他跷着二郎腿准备收钱时，却意外地发现那个“老板”人去楼空。张强发了疯地打他的电话，但始终是“对方”已关机的提示音。

张强这才意识到自己上当受骗了。可是，一切都来不及了！他不敢报警，因为他害怕公司查账。然而，他最终没有躲过欲望带给他的灾难。就在他积极凑钱来补公司的那个“漏洞”时，公司状告他挪用公款，他被警方逮捕。

如果不是张强对金钱的欲望越来越大，他又怎么会走到这步田地呢?

一个男人不仅要养活自己，还要养家糊口，所以，男人追求金钱并没有错。可是，任何一件事都是物极必反。如果一个男人过多地追求金钱，那么终会被欲望所淹没。

世上没有任何一件事情可以无限度地去做。适度为美，否则即丑。金钱和欲望本身未必是美，美在于金钱的使用和欲望的满足。

人生感悟： 人追求金钱并没有错，毕竟要养家糊口。可是，如果男人过多地追求金钱，甚至不择手段地获得金钱，那么就会被欲望所淹没。

3. 常在河边走，哪有不湿鞋

看过一个小品，几个男人在对话——

甲问："六十条金项链……你小小科长，怎么发这么大冤鬼财啊?"

乙答："发什么财，常在河边走哪有不湿鞋的，既然湿了鞋，我就洗个脚。既然洗个脚，我就洗个澡，越洗越邋遢，干脆一通乱搞。"

这句回答很有意思，生动地描述出一个常在河边走的男人深陷泥潭，越陷越深的情景。在这个到处都充满诱惑的社会，如果一个男人没有坚强的意志，时间长了就会不自觉地被染色、同化，甚至被潜规则，做出一些不合道义的事情来，甚至是违法违纪的事情。

有一个地方官员刚调来不久，有人便给他送来了厚重的礼物——当然是有事相求。"礼品"确实很厚重，很有诱惑力。当他看到这份丰厚的礼物时，他犹豫不决，不知道是该收下还是该退回去。

自从收到这份礼物以后，这位官员终日闷闷不乐，愁眉苦脸，他正在做激烈的思想斗争：他眼睛里看到的是这些花花绿绿的钞票，而脑海中却时不时地浮现出身边不少因受贿被判刑的事例。挣扎很久，他终于决定将"礼品"原封不动地退回去。当礼物退去后，他突然感觉自己全身轻松，工作立马又来了精神头，又回到了无忧无虑的生活。

如今许多官员之所以走上断头台，是因为他们在一瞬间，抵制不住眼前的诱惑，向金钱投降，直到最后双手被拷上冰冷的链条时，才悔恨一生一世。

每天早上打开网页，常常会弹出关于某某官员重大贪污受贿，或是某位高官深陷桃色新闻的消息。金钱和美色是两把大刀，悬在他们每个人头上。

男人不要抱着侥幸的心理，常在河边走。因为常在河边走，必有湿鞋的时候。要想不湿鞋，最好就不要常在河边走。不常在河边走，就要求男人练就坚韧不拔的意志和毅力，坚守自己的职业操守。在你想要跟诱惑妥协时，男人应该想一想自己的社会责任、家庭责任，想一想自己的名声、地位，想一想你宝贵的自由。当你想到那冰冷的铁栏时，你就知道自己应该怎么做决定了。

人生感悟：远离诱惑，拒绝诱惑，放弃诱惑，这些都是对综合素质的一种考验。它需要男人们严格自律，需要他们积极向上的人生态度，更需要他们时常怀有一颗用勤奋劳动用双手创造幸福的心态。

4. 赚着昧心的钱，做着惊心的梦

某某职业技校门口围了一大群人，这些都是该校学生，他们要做的就是一件事：讨回公道。前不久，该技校发布虚假广告：工地年薪10万急招挖掘机手，培训一个月即可上岗。面对如此具有诱惑力的工作，很多学生不惜血本交了五六千学费，怀揣着对美好未来的向往，进入该技校接受培训。但是接下来，让那些学生们大跌眼镜的是，他们每天仅学一个小时的课程，没到半个月便被强行毕业，不但之前的承诺化为泡影，就连年薪10万元的工作也不再提起。学生急忙去找老师，但是他们手机要么关机，要么停机。就这样，学生们的辛苦钱被那些人昧着良心骗走了。

技校的那些人固然可恨，可是，如果和食品领域里的无良奸商比起来，他们简直是小巫见大巫。从前几年的“三鹿”奶粉事件，到逐渐被媒体曝光的各种问题食品，食品安全已成为人们口中的一个热议话题。

现在，有很多食品行业的企业和个人昧着良心赚取大众的血汗钱，不光令消费者遭受了经济的损失，还对消费者的身体造成了巨大的伤害，甚至威胁到了他们的生命。因此，很多人不禁要问那些奸商：如此丧尽天良，难道你们不会做噩梦吗?

在这个物欲横流的时代，大多数男人都患上了挣钱病、贪婪症。他们劳作的目的不再只是为了谋生，而是为了发财。可是，发了小财，又想发大财，发了大财，又想出名。

古人云：君子爱财，取之有道。男人爱财本没有错，可是，只要能赚到钱，不惜一切手段，不管是道德、良心，还是爱情、亲情，他们都可以抛弃，唯一不能抛弃的就是金钱。

时下正流行一句话："资本投机一夜暴富，制假造假日进斗金，倒卖文物转眼便成大款。"由此可知，现如今男人的金钱观已经产生了极大的扭曲。赚着昧良心的钱虽然很轻松，可是，代价也是惨重的——众叛亲离，身陷囹圄，身背骂名！

男人要爱钱，更要赚钱，但作为男人更应该脚踏实地、勤勤恳恳地用智慧和血汗去获得。只有这样，才能对得起自己的良心，才能花得踏实，用得开心。靠偷税漏税、投机取巧，甚至坑蒙拐骗弄来的钱，滋味就不一样了，只是一时得手，一时痛快，却要时刻担惊受怕，不知哪一天东窗事发，人财两空。总之，昧心钱不要赚，否则会良心难安的！

人生感悟："天下熙熙皆为利来，天下攘攘皆为利往"，"名利"二字一直是男人们难以舍弃的追求。不过，万事万物取之有道，昧着良心干有损社会公德的事，迟早有一天会受到惩罚。要知道，天网恢恢，疏而不漏，即使不为自己着想，也要为子孙后代多想想，毕竟举头三尺有神明在洞察着世间的一切。试看自古以来的奸商恶人，有哪一个得了好下场？

5. 男人铤而走险都是金钱惹的祸

阿郎是台湾人，在一次来内地旅游的途中，无可救药地爱上一个貌美女子。于是展开了热烈的追求。可是，不管阿郎怎么表示，该女子始终不肯松口答应他。

阿郎不是有钱人，却舍得为她花钱。明知阿玛尼、古奇、香奈儿是奢侈品，却想方设法弄来满足该女子。很快，阿郎的家底就见光了。就在阿郎愁眉苦脸时，一个朋友介绍说有桩生意可以做，利润高，只是风险大。阿郎警觉地问是什么生意？对方说是贩毒。

阿郎坚决地摇摇头说，这是犯法的，违法的事他决不会做。

“走一票可就够你一年的生活费了。”对方捻捻手指诱惑他。

阿郎这时想起自己的梦中情人，想起还有很多不能满足女友的东西，他犹豫了。他在想，要不要干一次。

理智和感性斗争了一阵，感性最终取胜了。阿郎走上了贩毒之路。有第一次就有第二次。曾经阿郎信誓旦旦地说绝不做第二次。但，开弓没有回头箭。他只能一步一步地走下去。最后，走进了那冰冷的铁栏。

阿郎到底败给了什么？也许是爱情，又或许是金钱。爱情和金钱，是令男人一辈子最头疼的两件事。他铤而走险为了爱情，而这一切又都是金钱惹的祸。

金钱对男人来说，确实很重要。有了钱可以把漂亮女人娶回家，有了钱可以让父母安享晚年，有了钱可以让孩子上最好的学校。可是，男人为了获得金钱铤而走险，那么最终只会让自己在追求金钱的道路上越走越远，直到看不见真实的自己！

人生感悟：金钱，一开始没人说它不好。家庭的生计靠它支撑，男人的面子靠它撑起，男人的自尊也由它作陪……没有金钱是万万不能的。但是，过度的欲望膨胀会让金钱成为罪魁祸首。无论何时何地，请记住，钱只是一种工具，人们利用它是为了更好的生活，而绝非为了坠入罪恶的深渊。

6. 树立正确的金钱观，拿自己应该拿的钱

曾经看过这样一则幽默故事：美国，有一个暴发户。就在他自觉人生风光无限时，却不幸地发生了一次车祸，他的车被撞毁了。

望着那辆破车，暴发户号啕大哭：“哎呀！我那可怜的奔驰啊！”

他的哭声引来了路人的关注，路人发现他的胳膊没了，好心地提醒道：“就知道哭你的车，看看你的胳膊吧！赶紧上医院吧！”

暴发户冲着胳膊所在的部位看了一眼，接着又大哭起来；“哎呀！我的劳力士啊！”

这个故事虽小，却将一个拜金主义者的心态和嘴脸刻画得入木三分。

还有什么比自己的身体更重要呢？在那些拜金主义者的眼中，钱重于一切。其实，钱生不带来，死不带去。如果生命结束了，那么钱还有什么意义。所以，男人应该树立正确的金钱观，不可不爱钱，又不可太爱钱，更不能拿自己不应该

拿的钱。

小时候每个家长都会教导孩子说，不是你的东西就不能拿。钱也是一样的道理，不是自己的不能拿，更不能花。

很多男人都知道钱可以拿来生活、购物，置办必需的生活品，钱也可以用来炒股、投资、开公司，彰显一个男人的职场雄风。十块钱有十块钱的花法，一百块有一百块的花法，每张人民币的背后都有它们独特的生活意义。可是，男人在鉴别金钱所属的问题上，时常会犯糊涂犯错误，但应该想着，每一分每一厘，是不是正常劳动所得？有没有付出汗水努力？如果回答是肯定的，那么，就尽情安排你的“金钱人生”吧！

人生感悟：“君子爱财，取之有道”，男人必须树立正确的金钱观，做钱的主人，做到正确爱钱，正道赚钱，正当用钱。在需要和索取之间保持适度的平衡。学会把握和控制自己的金钱欲望，金钱对于男人也就不会是“罪恶之源”。

7. 修身养性，去除自己内心的贪欲

古人云，心似明镜，当勤拂拭。男人的心好像一面镜子，

本来是干净明亮的。但是因名利、钱财、权势这些贪念的存在，会使原本明净的心灵蒙上一层灰。所以为了不至于让贪念毁了我们自己，男人应当常常擦拭这面镜子，如何做到？修身养性而已。

晚清名臣曾国藩将修身概要总结为 12 条：敬、静坐、早起、读书不二、读史、谨言、养气、保身、日知所亡、月无亡不能、作字、夜不出门。

曾国藩将敬理解为内心不存邪念，端庄严肃有威仪。静，心、气、神、体都要处于安宁放松的状态。谨，不说大话、假话、空话，实实在在，有一是一，有二是二。恒，生活有规律、饮食有节、起居有常。他每天记日记，对每天言行进行检查、自我反思，他这一行为一直贯穿到他的后半生。年龄越大，他越是不断给自己提出更多要求：要勤俭、要谦对、要仁恕、要诚信、要知命更要惜福等，力图将自己打造成当时的圣贤。

可是，现在的很多男人却认为曾国藩所提倡的这种人格修炼是虚无缥缈的，甚至还是迂腐的。如果你纵观曾国藩这一生的事业，你就会发现修身才是他事业成功最重要的原因。

是的，做事先做人。任何时候，男人都应该将曾国藩的 12 条修身总结作为自己的座右铭，让它时刻鼓励自己注重修身养性。一个男人只有提高了自身素养，才能真正去除自己内心的贪欲，才能成功抵制金钱的诱惑。

人生感悟：贪念人人都有，但如何将贪念转化为有益身心的良知？修身养性而已。非淡泊无以明志，非宁静无以致远。男人要想抵制住金钱的诱惑，必须提高自身修养。

8. 管好自己的手，别让贪欲燃烧了你

园丁用双手浇灌美丽的花草，工匠用双手建造雄伟的城墙。手是劳动者最好的朋友，手也是一个男人伸向黑暗的探测器。手是满足一个男人贪欲的最好工具，也是通向地狱的罪恶之手。有些男人为得到更多的钱，会把手伸向那带锁的保险柜，伸向别人的口袋，甚至手握尖刀，把刀驾在别人的脖子上。

他们都是被形形色色的贪欲点着了，最终燃烧了自己。

张大兵就是因为没有管好自己的那双手，最终毁了自己的幸福人生。张大兵是一家外贸公司的会计。大前年开始，他迷上了网上赌球。第一次，只是抱着玩一玩试试的心态，下了两千的赌注，结果赢回了八千。张大兵喜出望外，又一次下赌注，结果输了。他不甘心，再一次从存折上取钱企图赌一把。就这样来来回回，赢了又输，输了又赢。这个一开始

只是抱着玩玩心态的张大兵，已经陷入其中无法自拔。为了赢回他投下的本钱，他先后以做生意为由，从朋友那里骗取十万。几天就赌得精光。他又厚着脸皮将妻子看病的钱拿去赌博，结果还是输得精光。他不相信天意弄人。心生一计，决定暂且挪用公司一部分公款……

谁都知道，这是一条不归路。终于有一天，公司老板突然查账，发现少了十几万。于是报警，张大兵得知这个消息，腿突然一下子瘫软了下来。铁栏外是妻子哭肿的双眼，铁栏内是一颗后悔不已的心。

一双手，十根手指灵活自如，如果你勤奋踏实，它可以给你带来许多财富；如果你投机取巧，它也可能把你带进地狱。

很多人同张大兵一样，不能管好自己的双手，拿青春拿性命拿金钱拿爱情同命运做赌注。没有白来的面包，也没有免费的牛奶，男人压力纵然大，使出浑身解数为家庭为生活不为过，但靠双手诚实劳动换来的牛奶面包吃得会更安心些吧。

人生感悟：科学表明，在这个社会里，男人相较于女人，是更有可能犯罪的群体，因为本性因为压力。但永远要记得，人生没有后悔药，不可能粘贴复制重来一次。也没有删除键，人生的污点不会因为你的知错就自动消失。所以，管好自己的手，别让贪欲毁了你的人生！

9. 用汗水赚来的钱喂饱自己的胃

一个朋友，父母都是经商的，家境比较富有。但是他很特别，穿着一般，不用名牌。为人随和。他常常说，不想靠父母生活，父母挣的钱是父母的，那是他们用自己半辈子的心血挣来的，不是他的。如果有一天他想过自己想要的生活，他一定会通过自己的双手创造出一切。他这么说，也这样做到了。

上大学时，班上好多同伴都流行起用手机。那时他还没有自己的手机。照常理说他只要开口恳求父母给他买一部，这个愿望会很快实现的，但他偏不这样做。那时为了买个手机，他兼职做家教，教孩子英语数学。两个月过去了，他积攒了三千块，买到自己早就看中的手机。

在消费方面，他很有规划。比如想买什么，一定会规划时间让自己集中力量攒钱。这个月也许是小小的收音机，下个月也可能是数码相机，他非常清楚自己的目标，也坚持每天都为自己的目标奋斗努力。很多人都羡慕他，不是羡慕他有多么有钱的父母，而是羡慕他总是能得到他想得到的东西，并且，靠的是自己的双手。

很多男人都常常这样告诫自己：要靠自己的努力赚钱填饱自己的胃。可是，男人是猫，一种极具惰性的动物。如果有食物有阳光，它宁愿躲在自己的角落里晒太阳啃鱼刺，也不要满屋子东奔西跑抓老鼠填肚子。所以，只有当他们感觉饥饿且无外力相助时，才有动力奋斗前行，赚取自己的血汗钱。

这是一件需要时间考证的事。因为很多男人可能会在行进的路上碰见种种诱惑，走偏了，迷路了，甚至放弃了，不再前进。时间久了，惰性有了，成了一只寄生虫。不愿工作，不想努力，将希望寄托在他人身上。靠父母，啃老。时下流行的“啃老族”就是如此。这一类男人时间长了，就成了吸血鬼。人生没能有几个十年供他们这样肆无忌惮地挥霍，逍遥洒脱。

男人人生的满足感总是来自于自我实现的成果。幸福也来源于此。想要长久地幸福快乐，男人就必须找到自己的价值。那就是，这辈子，你能做什么？

人生感悟：著名教育家陶行知先生曾经说：“滴自己的汗，吃自己的饭，自己的事情自己干。靠人靠天靠祖上，不算是好汉。”男人们，自力更生才是最明智的选择，这是任何他人都不能代替的。

10. 用放心钱买放心生活

有这样一则寓言：有一家制蜜厂，有一天，一个工人不小心打碎了一罐蜂蜜，就在他不知所措时，一群苍蝇嗡嗡地飞来了。它们全落在蜂蜜上尽情地“品尝”着蜂蜜的香甜。可是，不一会儿，它们被蜂蜜粘住了，全身动弹不得。临死之前，它们十分后悔地说：“哎，当时咱们如果不这么贪心，怎么可能会落到这种地步！”可是，它们再后悔也来不及了。

这个寓言何不映射当今社会许多官商勾结的黑幕呢？大官有权有势，他们依靠着自己的权势，凌驾于人民之上，收受了无数赃款，收完一笔又想贪一笔，一笔又一笔，永无止境。毫无疑问，他们得来的钱是赃款，而不是放心钱。“法网恢恢，疏而不漏。”他们的下场是永远只能在冰冷的牢房里度过余生，有的男人甚至为此丢了性命。这样的人生结果只缘于一个贪字。

如果一个男人把这些赃款紧紧地拽在手里，那么他还能过平静的生活吗？毫无疑问，他每天都会过着提心吊胆的日子，他担心会有东窗事发的那一天，担心会有受到制裁的时候，担心自己去了，老婆孩子应该怎么办？所以，他们整天闷闷不乐，夜不能寐，食之无味。

这样的生活过得有意思吗？只为了一个“钱”字。所以，与其整天这样过着提心吊胆的日子，不如拿放心钱买放心生活。也许你的放心钱不是很多，只够生活。可是，即使清贫，这样的生活也是能让你放心的。你不用担心这，也不用担心那，安安稳稳地睡个好觉。人生或许如此足矣！

所以，如果男人试着不去眷恋多余的财富，试着满足于已有的一切，试着将眼光投向更高更远的天空，试着不去理会外界的各色诱惑，那么，你就会获得更多安全感。会无比香甜地在每一个清风阵阵的清晨醒来，会心安理得地享受每个日起日落的日子。

人生感悟：那些不让人放心的钱可能来得很轻松，可能会带给你富裕的生活，可是富裕并不等于幸福。与其过着提心吊胆的日子，不如过放心的生活。这种生活也许很清贫，可是却能让你过得踏实。

11. 男人有钱就变坏？金钱本无罪

这是一个男孩的故事。他叫杨程。从外表上看上去很腼腆，并没有什么特别之处。可是，你怎么也想不到他是一个拥有集贸市场十多个出租摊位、年收入过百万的老板。

杨程出生于农村贫苦家庭，勤劳、节俭。20 多岁时，他和妻子一起来到北京，先是做点小买卖，积攒了一些本钱后，就开始投资集贸市场的出租摊位。几年后，他俩已是拥有几家出租摊位的老板，年收入上百万，仅仅靠租金生活就可以了。

也许真应了那句“男人有钱就变坏”，杨程一闲下来，就有了新想法。每当他看到那些年轻漂亮的大学生时，他就会产生一种强烈的冲动。他多么希望拥有一个既漂亮又有文化的大学生情人。于是，他开始找机会去大学校园里结识漂亮女生，跟她们交朋友，然后各取所需。

可是，每次当他把那些年轻漂亮的大学生哄到手，他又感到非常后悔，觉得自己不是一个好男人，对不起跟自己同甘共苦的妻子，于是决定和情人分手。可是，没过多久，他又忍不住结交下一个大学生。

其实，杨程很明白，自己这样做对不起妻子，他不应该伤害妻子。可是，他总是控制不住自己。

迫不得已，杨程终于找了一位心理咨询师咨询自己的矛盾心理。当咨询师一步步逼近他的内心时，他终于说出了实话。原来，他小时候家里很穷，上不起学。所以，他一直都羡慕那些有知识有文化的人，总觉得他们才有地位有身份。自己现在虽然有钱，但没知识没文化，仍然是一个低级的人。所以，他就想假如能娶一个有文化的大学生做老婆，那自己就知足了。

女人都说男人有钱就变坏。有钱能泡妞，有钱开得起房，殊不知金钱只是男人变坏的诱因而已，“需要”得不到满足才是男人变坏的内因。美国心理学家马斯洛经过多年研究人的需要，提出了著名的“需要层次理论”。他认为人的需要有五个层次：生理需要、安全需要、爱与归属感的需要、尊重的需要、自我实现的需要。

显然，杨程的“变坏”就源于自我实现的需要。

金钱不过是等价交换的一种符号，买菜要付钱，吃饭要付钱，不过说明你所需要的食物价值几何。金钱在远古时代不过只是一个贝壳，任何一种物品都有可能替代金钱。金钱，说到底是什么呢？不过是人们满足需要的工具和手段。

男同胞们如果误入歧途，不要将这一切怪罪在金钱的头上。这只不过是你们需要着一个又一个“需要”，一个又一个

“需要”得不到满足的后果而已。金钱本身无罪，要善待慎用金钱。变坏不变坏，只是一念之间的事。

人生感悟：人的需要总是循序渐进、层层推进的。当男人们满足了生理的需要，又渴望心灵的自由、灵魂的解放，甚至渴求他人的膜拜。这可以说是进步，也可以说是贪欲。男人的“变坏”就在咫尺之间，适度把握，全凭自己。

第三章

权势——雄赳赳的诱惑，最好的外衣并不舒服

很多男人都认为，有钱不一定有权，但有权一定能弄来金钱。因此一个男人有钱很好，有钱有势才更了不起。权势如同外衣，是标志他们身份地位阶层最直接的象征。但是，种种事实说明，最美的外衣穿起来也许并不舒服。男人们，要时刻谨防那件不小心就被别人偷走的外衣啊!

1. 权势是男人最好的外衣

有句话说：“女人畏天命，男人畏权势。”再强大的男人也会在权势面前低下头，俯首称臣。权势，给男人带来的不仅是金钱和地位，还足以吸引美色，甚至足以让一个人从世界上消失。

第二次世界大战即将结束之际，希特勒收到一万封德国妇女写给他的情书，她们疯狂地膜拜他，倾诉着对他的崇拜和敬仰。她们希望给他生孩子，为他更衣。万千女人如此迷恋希特勒，只因当时希特勒是德国最有权势的人。

权势不仅让无数女人拜倒在男人的光环下，还让女人对权势男人产生畏惧。即使她们受到了权势男人的侵害，她们也会忍气吞声。

奥尔福德，美国前总统肯尼迪的情妇，曾出版了一部回忆录。她在这部回忆录里披露，当自己 19 岁还是白宫实习生时，就被肯尼迪夺走了贞操。随后两人多次偷情并渐渐发展成情人。这段私情维持了 18 个月，直到肯尼迪遇刺的前 3 天。

奥尔福德无限哀伤地说：“我被美国最有名、最有权势的男人看中了，这让我觉得，反抗是没有用的，那也是我以前一直不敢说出来的原因。”

据奥尔福德回忆，她最后一次在纽约与肯尼迪见面，当时是1963年11月15日，也就是肯尼迪遇刺的前一周。那时，奥尔福德已经准备和大学时的恋人结婚了。

奥尔福德仍然清晰地记得当时的情景，她说：“他久久地抱着我，跟我说，‘真希望你能和我一起去德克萨斯。回来以后，我会打电话给你。’”

我挣脱他的怀抱，回答说：“总统先生，我要结婚了。”

肯尼迪却耸耸肩说：“我知道，但我还是会打电话给你的。”但肯尼迪的电话再也没有打来。

男人的权势有时就像是一杆枪，被指的人无法反抗只能妥协屈服；有时是男人的角斗场，有时是充满致命诱惑力的地狱深渊。强大的男人一旦陷入其中便再也无法自拔，这是一个男人永远无法拒绝的致命诱惑。

人生感悟：有本书里说道：“权势是男人最好的外衣，他穿上之后，光芒四射，魅力逼人。男人有才、有财，而没有权势，便是未经打磨的璞玉，欠一分光芒。”权势是一个男人诠释和证明自己的最好武器。

2. 拥有权势并不等于拥有一切

女人渴求美貌和身材，男人渴求权势和金钱。所以，男人总会想尽办法获得权势。然而权势是把双刃剑，它具有不易觉察的矛盾性。一个男人一旦获得权势，那些最初助他爬上高位的个性特征就消失了。他们可能不再礼貌了，不再诚实了，不再正直了，不再友好了。相反，取而代之的是冲动、粗鲁、狂妄和轻率。他们看似得到了权势，实际上却失去了更多。

英国历史学家阿克顿说过：使人堕落和道德沦丧的一切原因中，权势是最永恒的、最活跃的。大约是 2011 年，彼时 62 岁的国际货币基金组织总裁多米尼克·斯特劳斯·卡恩因涉嫌性侵 32 岁的纽约酒店女服务员被捕。这件丑闻使他过去犯下的种种性丑闻纷纷曝光。在此之前，卡恩还是法国总统大选的热门候选人。因为这桩丑闻，卡恩不仅参加法国总统大选的希望变得渺茫，还被迫辞去 IMF 的总裁职位。

“权势是一剂春药，”在权势这剂春药的催化下，卡恩的“性狂热”被放大了，也走向了堕落。所以，对男人来说，拥有权势不等于拥有一切，甚至可能失去更多。

然而，生活中的很多男人却认为拥有权势就拥有一切，尤其是可以拥有无数美女。或许真的如此，但那绝不是真爱。因为男人真正吸引女人的不是所谓的权势，而是他的味道。何为味道？就是一种集性格、气质、学识等为一体的东西。真正有味道的男人散发出豁达睿智、幽默风趣的魅力。有权有势的男人可以买来无数金银珠宝，却难以买来味道，更买不来真爱。所以，拥有权势并不代表就拥有一切。

人生感悟：与其麻木追求权势，攀龙附凤，不如修炼内心，完善自我。让男人的味道一点一点散发，这比起稍有不慎便转瞬即逝的权势来说，才是男人们真真正正所要追求和保护的东西。毕竟，权势不等于一切。

3. 树大招风，权势越大越容易自取灭亡

“栖守道德者，寂寞一时；依阿权势者，凄凉万古。达人观物外之物，思身后之身；宁受一时之寂寞，勿取万古之凄凉。”——《菜根谭》

《菜根谭》里这几句话，精确地诠释了权势的弊端。那

么，男人应该如何把握好权势、运用好权势？

男人权势不宜太盛，否则会给自己带来生命危险。纵观中国古代历史，不难发现，开国皇帝打天下成功之后，免不了都要杀戮功臣。这似乎成了一条铁律。英明君主如汉高祖刘邦，唐太宗李世民，明成祖朱元璋也无一例外。

残酷和血腥告诉我们：“树大招风，官大担险。”一些功臣自恃有功，倚老卖老，能力太强，势力太大，又不懂收敛低调，自然会成为上级的眼中钉。

大家都知道韩信是秦末汉初的军事奇才，他年轻时忍受了别人无法忍受的胯下之辱，在萧何的帮助下得以辅助刘邦，击败项羽，建立了汉家江山。汉朝建立以后，他本来权势通天、位极人臣。可是，他不仅没有急流勇退，还妄想刘邦把山东等地分封给他，建立一个存续的国中之国，永不向朝廷纳税，到最后，甚至产生了将刘邦取而代之的想法。

毫无疑问，韩信的所作所为对刘邦的统治造成了巨大威胁，刘邦当然不会允许他的存在。终于，在刘邦的默许下，萧何精心策划，韩信被诛杀。

物极必反，一味追求权势，盲目自大，且不择手段，不懂审时度势，凡事做得太过，力量用到了极点，风头一旦盖过上司，就没有办法保护自己，必然会招致杀身之祸。急功近利锋芒太露的男人大多没饭吃，这是千百年来祖宗们血的教训。凡是做大事业的男人，都应该修炼好“藏露”之功。当智则智，当愚则愚。

人生感悟：那些真正充满智慧的男人手中握的权势越大，越会隐藏自己的锋芒，甚至会急流勇退，像春秋时期越国的范蠡。只有这样的人，才能圆满走完自己的人生。

4. 汪精卫：被权势诱惑而遗臭万年的男人

在江苏南京的梅花山上，有一座石像，跪拜在地上，旁边写着：汉奸千古罪，跪向万世人。这便是汪精卫的墓地。

汪精卫早年追随孙中山参加辛亥革命，由一个热血文弱的革命青年，变成狡诈凶狠的奴才，为了讨好日本鬼子，他为虎作伥，卖国求荣，背叛祖国。细究起来，汪精卫的优柔寡断的性格正是日本人利用他的关键。

汪精卫早年是一名资产阶级民主革命家，他才华横溢，获得很多革命者认同。1905 年，汪精卫在《民报》创刊号上发表了重要稿件《民族的国民》，影响广大而深远。随后又跟随孙中山下南洋，一直从事报刊活动。他年轻有为，见解独到，常常发表重要文章，深得孙中山的器重。无奈孙中山死后，汪精卫却逐渐蜕变成一个追逐权势、玩弄权术的政客。

日本人许诺给汪精卫极高的待遇，给他极大的权势。最终，在日本人的扶持下，他伙同那些投靠日本人的国民党汉奸建立了伪国民政府，成为民族的败类。

权势这个东西，没得到过的人还无所谓，但品尝过的人就离不开了，这就如吃过白面就不想吃粗粮一般。汪精卫建立了自己的政权，手持大权，一人之下万人之上的威严大大满足了他的虚荣。虽然他不过是日本人安插的一颗棋子，但多年手绾大权，还当过几日最高领袖的汪精卫已经阻止不了内心那颗贪求权势的心。他对权力的渴求何等强烈是可想而知的。

因此，在中国历史上，汪精卫成了汉奸王，集汉奸、傀儡于一身，成为千夫所指万人唾骂的千古罪人。

抗战结束后，梅花山的汪精卫墓被炸。生前曾显赫一时的汪精卫死后却无葬身之地，也许这就是历史和人民对他的惩罚吧！即使现在梅花山还保留着汪精卫的跪像，旁边还写着：汉奸千古罪，跪向万世人。

人这一辈子的悲剧莫过于失节而遗臭万年。汪精卫的一生，也许细究起来，不能用三言两语来概括，然而“汉奸”“卖国贼”的标签却已牢牢贴在他身上，历史定论如此，想是再活一回也磨灭不了的吧。

人生感悟：自古以来，像汪精卫这样因为经不起权势的诱惑而遗臭万年的人大有人在。他们以为卖国就能获得真正的自由。实际上，不但没有自由，还成了千百年来人人唾骂的罪人。

5. “现实版陈世美”

刘强家庭条件十分贫苦，从小没上过什么学，15 岁就早早地来到烟台打工。在一次朋友的聚会上，他认识了小韩。刘强随后对她表示出好感，在他的柔情攻击下，对方爱上了他，两个人也甜蜜地住在了一起。

不久小韩就发现自己怀孕了，但他们连结婚证都没领。于是，刘强决定让她打掉这个孩子。在做完手术回来的路上，刘强紧紧握着小韩的手，承诺要对她好一辈子，会爱她一辈子。单纯的小韩虽然为流掉的孩子伤感，但是想到身边的这个男人如此爱自己，便也心满意足了。

然而，他们的感情一开始就不被女方家人认可，即便这样，为了和刘强在一起，小韩还是将户口本拿了出来，并顺利办理了结婚证。婚后有段时间，他们一贫如洗，曾经睡过广场的椅子，最穷的时候，两个人只剩下了一块五毛钱。买了两个馒头，一包榨菜，这便是一天的伙食了。就算是这样，小韩也觉得幸福，只要能和最爱的人在一起，一切困难她都不怕。

后来，刘强找了份令人羡慕的工作，而此时的小韩，却还在清洁公司当保洁员。很偶然的一天，小韩无意看到刘强手机的一条信息：亲爱的， 我想你了。敏感的小韩急忙追问，刘强倒是很坦诚，漫不经心地承认了。于是，无休止的争吵开始了，刘强甚至一次次动手打了小韩，忍受不了的小韩毅然决然地走了。可是，此时的她已有3个月的身孕了！肚子渐渐隆起的小韩，只能流落在清冷的街头，没有人照顾，看不到希望……

刘强，现实版的陈世美，在诱惑面前选择妥协、逃避、欺骗，抛弃责任。他已忘记一个男人该有的担当。可是，我们有理由相信，这样的陈世美并不只他一个人，现实生活中也许每天都上演着新世纪陈世美与秦香莲的故事，权势和金钱极大地影响着一个正常男人对家庭、责任的判断，而且这种影响是时时刻刻存在着的。

人生感悟：面对诱惑，男人还是轻轻地转身吧，莫要做一个“现实版陈世美”，毕竟一个真正爱你的人才是你在这个世界上最珍贵的财富。爱她，就不要伤害她；爱她，就请对诱惑说NO！

6. 想只手遮天的男人最后连手都没有了

有句老话：一个人，一双手，手大遮不住蓝天。的确，一个男人，伸出五指，如果企图一手遮天，最后的结果要么是众叛亲离，要么是身首异处。

秦末时，张良投靠在刘邦麾下，为其出谋划策，运筹帷幄，最终助刘邦击败项羽，夺得帝位。但张良是一个识时务的俊杰，他智慧超群，明白即使自己身负雄才伟略，也不能做出僭越的事情，更不会拉帮结派，在朝廷中争权夺利，为自己谋私。于是，在汉朝建立后，他急流勇退，放弃高官权位，避免了刘邦的猜忌，用这种明智的办法保全了自己。

权势这种东西，通常有利于君主，不利于臣子，更不利于大臣专权。那些看似聪明实际愚昧无知的男人才会把权力揽在手中。手握大权得势时，气焰高涨，众人像哈巴狗似的阿谀逢迎，家门口会像集市一样热闹非凡。他们自认为掌握着生杀大权，只消一个眼神，就能要了别人的命。殊不知覆灭的危机已经慢慢潜来，自古以来，任何一个皇帝都不会让臣子爬到自己头顶上的，想要只手遮天，后果便是下场凄惨。

张良是个聪明人，功成名就后明哲保身，而唐代的杨国忠、李林甫却没有他这么幸运了。

李林甫是唐玄宗时期的著名奸相。他为人阴险狡诈，口蜜腹剑。对皇上重视的官员，必设法排斥。为了专权固位，他竭力堵塞言路。唐朝多名忠臣在朝时都被他以各种方式贬斥下放。他怕太子即位影响到自己，便唆使杨国忠等人，诛杀太子亲戚和异己官僚，同朝宰相官员都因为怕他而不敢问事。后来唐玄宗对李林甫的所作所为有所察觉，李林甫渐失宠，天宝十一年便病死。而后，在杨国忠的密谋策划下，诬告李林甫与外族谋反，唐玄宗便追削李林甫官爵，没收家产，子婿流配。

而杨国忠也是一个不折不扣的市井无赖，与李林甫相比是有过之而无不及。他是杨贵妃的亲戚，依着这一裙带关系飞黄腾达，权倾朝野。不过与太子李亨的矛盾最终导致杨国忠被杀，杨氏惨遭灭门。

权势不能太盛，要懂得当进则进、当退则退。妄想将天下网罗为自己所有的男人，其下场必定凄惨。翻开《二十四史》，这样的例子比比皆是，从古至今，凡是想要只手遮天、祸害百姓的人，没有一个人逃脱得了正义的裁决，甚至连累他们的家人。

人生感悟：男人，在得势时请多想想退守之道，不要一味埋头猛进，说不定陷阱已经在前面悄悄为你布置好。因为没有任何一个男人能只手遮天。

7. 热衷权势却不可贪恋权势

公元前361年，商鞅入秦，他拜见了求贤若渴的秦孝公。他向秦孝公提出变法政策，说服了群臣，那么，他是如何说动老百姓的呢?

在一个阳光明媚的日子里，商鞅亲自来到国都的南门，叫人竖起一根三丈高的木头，引来很多百姓的围观。商鞅大声宣布，谁要是把这根木头扛到北门，立刻赏他十金。

“这可是重赏啊!”大家纷纷议论道，但谁也不敢相信这是真的。“五十金，谁愿意?”商鞅又将赏金提高到五十金。过了好一会儿，一个年轻人伸出头来表示试试运气，他轻松地把木头搬到北门。众目睽睽之下，商鞅当场付款。举国一下轰动了：商鞅是信守承诺的!

于是商鞅变法得以实行，取得了很大的成功。秦孝公也依约兑现了自己的诺言，不仅封商鞅高官，还分了诸多土地给他。商鞅收到全国各地人民的鲜花和掌声，群臣恭贺，对他拍马奉承。就连皇帝有时也得给他几分薄面，商鞅得意极了，巨大的荣誉，至高无上的权力，数不完的金银珠宝……

他达到了人生的巅峰。

商鞅的狂妄自大也得罪了很多人，太子的师傅都被他割过鼻子。

自古以来，数不尽的英雄好汉、王侯将相，他们的人生必定是经历一个又一个高峰和低谷过来的。商鞅正处于人生的巅峰，他想活，便要下坡。有人劝商鞅急流勇退。但是身在权力的顶峰，又有几个人懂得退？商鞅有太多的机会为自己留退路，但都被他放弃了。后来太子继位，终于有了报复的机会。

商鞅最终死在了自己的律法之下。纵观商鞅这一生，他太热衷于权势，以至于贪恋权势。最后终于葬送了自家性命。

权势是每个男人都向往拥有的武器，他们可以利用它抑或聚敛钱财，抑或揽得美人腰，也或挥斥方遒指点江山。但盛宴不常在，权贵太盛，就像黑夜里闪闪发光的耀眼明珠，谁不眼红谁不愿去抢呢？抢的人多了，头破血流的暴力事件自然就有了。聪明的惜命的男人，会选择功成身退，留一世英明，保全身家性命。何乐而不为？热衷而不贪恋，风光无限后，交出手里的那方大印，云游四海，岂不快哉？人生短短数十年，何必苦苦执着为难自己？

人生感悟：男人在春风得意、风光无限的时候，往往也是最危险的。包揽权势的人看不到那么多双觊觎的渴望眼神。也许一不小心，他就身败名裂。所以，道路狭窄时，要留一步让别人能走；在享受美餐时，要分一些给别人吃。这才是立身处世取得成功的最好方法。

8. 真正志怀高远的男人一步一个脚印地向上走

曾有一个年轻人向苏格拉底请教成功的秘诀。苏格拉底一句话也不说，只是带着年轻人来到河边，让年轻人陪他一起向河中心走去。走着走着，眼看湍急的河水就要淹到他们的脖子时，苏格拉底突然趁年轻人没注意，一下子把他按到水中。年轻人拼命挣扎，但苏格拉底一直按着他不放手，直到他奄奄一息时，才松手。年轻人抬起头来狠命地吸了几口空气。

这时，苏格拉底问道："在水里的时候，你最需要的是什么？"

年轻人回答："空气。"

苏格拉底又说："当你渴望成功的欲望就像你需要空气的欲望那样强烈的时候，你就会成功。这就是成功的秘诀。"

是男人都渴望成功。对成功的欲望越强烈，行动力就越大。但往往因为这种强烈的渴望和动机，人在追求成功的过程中会变得很急躁浮躁。理想与现实总是有差距的，许多人都茫然无措。他们喜怒无常，三天打鱼两天晒网，他们患得患失浅尝辄止，稍不如意就轻言放弃。

追求成功，男人们首先要树立高远的志向，练就持之以恒的坚韧意志，只有脚踏实地一步一个脚印往前走，才能向成功迈近一步。成功所以伟大，在于它能让你看到幸福，也能让你周围的人感受到幸福。你在社会上争取更多的就业机会和创业机会，就意味着你能为你的孩子提供更好的成长条件，能为深爱你的女人提供更坚强有力的臂膀，能让你的双亲安享晚年幸福……

但谁都知道，成功来得并非这么简单。成功之路漫长且艰辛，你可能会经历无数次失败，可能会在顶峰跌落谷底，可能会众叛亲离，成功的路上需要付出常人难以忍受的辛劳和汗水。这一切都需要我们坚持，坚持信念，坚持去做早已认准的事。更重要的是，坚持一步一个脚印，踏实地走下去。

人生感悟：男人干事业切忌空喊口号，与其喊一百个口号，不如真真切切做一回。说出来永远都比做起来容易。考察一个男人是否有前途也是如此，看他做多少，不能听他说多少。

9. 不畏权势的男人才是真男人

中国历史上，历数不畏权势之人，魏征便可算典型代表。唐朝唐太宗时期，魏征向来以性格刚直、敢于直谏著称。

有一次，长孙皇后听说一位姓郑的女孩才貌出众，才思敏捷，京城之内，没有人可与之媲美。长孙皇后觉得这是一位难得的女子，便告诉了太宗，请求将其纳入宫中，备为嫔妃。太宗欣然应允。

就在诏书下达之际，魏征听说这位女子早已许配给一户陆姓人家，便立即入宫进谏：“陛下为人父母，抚爱百姓，当忧其所忧，乐其所乐。居住在宫室台榭之中，要想到百姓都有屋宇之安；吃着山珍海味，要想到百姓无饥寒之患；嫔妃满院，要想到百姓有室家之欢。现在郑民之女，早已许配陆家，陛下未加细问，便将她纳入宫中，难道是为民父母的道理吗?”太宗听后羞愧不已，立即收回成命。

魏征敢于犯颜直谏，确实是一个不畏权势之人。即使太宗在大怒之际，他也勇于进言。所以，唐太宗一直都非常敬畏他。

有一次，太宗得到了一只上好的鹞鹰。玩得特别高兴时，却看见魏征远远地向他走来，便赶紧把鸟藏在怀中。然而，什么事也逃不过魏征的火眼金睛，他早已看到，却故意借故拖延很久，久久不肯离去，可怜的鹞鹰最后闷死在太宗怀里。

面对权势，魏征冒着生命危险直言进谏。这需要的不仅是一份勇气，这也足以说明，魏征是真真正正、实实在在为国为民的国人。心中有大爱的男人才显得更具男人味，更像真男人。何谓真男人？真男人必定是铁骨铮铮刚直不阿的。有骨气，有傲气，不卑不亢，行事磊落，做人大方，不扭扭捏捏，不惺惺作态。

不畏权势的真男人还应有些贵族气，对官场与权势见多不拜，深谙为官之道，还不要沉湎于权势，膜拜于权势。所以一个人最重要的就是良好的心理素质，它决定了男人宠辱不惊的自信气质，也许这是从童年就该开始点点滴滴积累的吧？

人生感悟：不能说畏惧权势的男人就不是男人，也不能说真男人就不畏惧权势。所谓的“真男人”，不过是面对权势时他应持有的一种态度和作为，面对权贵时他所显现出来的气质、胸襟、修为和气度。

10. 在其位而谋其职

《笑林广记》里有个笑话，暗讽那些有僭越之嫌的人。

有一户人家，父子专说大话，不仅如此，连自家童仆也跟着说大话。他们经常越礼模仿朝廷那一套。有一天，他们家来了一个朋友，不巧他们的父亲外出。朋友便问他的长子，长子说："父王驾出了。"朋友匪夷所思，问到次子，次子答道："与娘娘在后花园饮宴。"

如此不分礼仪尊卑，敢用皇上御称。朋友很不高兴，怒气冲冲地走了。路上遇到孩子的父亲，就跟他讲述了事件经过。父亲问："哪个逆子说的？"只听身后的童仆说："太子与庶子说的。"朋友愈加恼火，扭头便要去打那个仆人。那个父亲赶忙上前劝阻："卿家弗恼，看寡人面上。"

这是一个笑话，一个笑话映射出一段文明。中国人从古至今，讲究一个本分，违礼僭越，本来就是一桩罪。中国人崇拜权力，尤其是男人，更是对权力顶礼膜拜。不仅因为权力是身份地位的象征，也因为权力的拥有者能最大限度地满足个人的虚荣，而且拥有权力才拥有人人艳羡的金钱和美色。

因为大家都在崇拜权力，所以对各种礼仪、上层建筑必须有一种政治化的约束力。这种约束力延伸到社会各个层面，就形成了一种无意识的约束：在其位，谋其职；不在其位，不谋其职。

作为一个男人，不管你现在在哪个岗位，无论它尊卑高下，你的首要职责就是将本职工作做好。这个社会，人人都想拥有立足之地。人人都来争抢那方寸之间的黄金土。但僧多粥少，要想巩固自己的位置，就要在已有的职位上全心全意、尽心尽力，把该做的工作做好，并做到精益求精。这也许是一个人珍惜工作、对工作负责的最好表现。这也是你，作为一个男人，一个社会人给社会交的答卷吧。

有人曾就个人与位置之间的关系请教一位成功人士："你为什么能在自己的位置上稳如泰山?" 成功人士这样回答道："我在工作时会集中精力踏踏实实地做一件事，我会竭尽全力把它们做到最好，简单地说就是在其位谋其职。"

人生感悟：不平凡的人能几十年如一日地持续做一件简单而平凡的事。男人若能安守本分，踏踏实实做好每一件事，完善每一个细节，将每一个部分做到极致，便也是成功的典范。能干好这些，也许需要他们一辈子的时间。我们哪里还有别的时间去东张西望呢?

11. 真正的赢家不显山不露水

中国有句俗语：一坛醋不晃，半坛醋晃荡。没什么内涵水平的人总爱显摆自己的小伎俩。而那些真正的大师却从来都是不显山不露水的。所以，一个男人的低调内敛决定他在事业的道路上能走多远。

春秋战国时期，有一位富家公子叫温如春，从小就学习琴艺，长大后自然也能露那么几手。有一次他到山西去旅游，遇见一个闭目打坐的道人，道人旁边还放着一把古琴，温如春走过去问道：“请问道长可会弹琴？”

“略知一二，正想拜师。”道人语气十分谦恭。

温如春毫不客气地说：“那就让我为您演奏一曲吧。”温如春先是随随便便地弹了一首，道人微微一笑，不着一语。温如春接着又使出浑身解数弹了一首，道人依旧不语。温如春十分恼火地说：“你怎么不吭声，是我弹得不好吗？”“还可以吧，不过不是我想拜的师傅。”这下，温如春可就沉不住气了，“你倒是弹给我听听。”

道人拿过琴来，轻抚几下，开始弹奏。

那声音美妙得啊……像流水淙淙，又像晚风轻拂。温如春听得如痴如醉，后悔不已，为自己刚才的言行向道人道歉。拜请道人为师。

很多时候，我们总是肤浅地凭借一个人的外貌衣着品相去判断这个人的身份地位。有个朋友在传媒大学，记得他曾经说过，早晨走在校园里，你偶然看见一个白头发老头哼哼啊啊，那也许就是奥运会徽章设计者；有时迎面走来一个素面朝天的黑发女人，那或许就是活跃在镜头前的当红主持人。太平常了，跟这些人走近交流，平易近人，温和谦恭。丝毫看不出半点名人架子。

真正成功的男人不显山不露水，他们可以开奔驰豪车，可以腰缠万贯，一掷千金。但他们也可以不穿名牌，不戴奢侈品，也能吃路边摊儿，喝老白干，他们也可以脱掉汗衫挥汗如雨。他们会坐地铁，会拿着一杯豆浆同无数人一样奔跑着追赶公交。他们同样能吃苦，吃更多的苦。他们同普通人一样，忙忙碌碌，唯一不同的是，他们追求的不是钱，而是那份无形的自我价值。

人生感悟： 真正成功的男人懂得低调内敛，不虚张声势，不沽名钓誉。张扬和浮夸永远都属于那些不自信且需要努力证明自我的人。永远都不要小看他们当中的任何一个人，没准，那群人里有“马云”。

第四章

地位——气昂昂的诱惑，输了地位就输了尊严

男人毕生面临权力、金钱、美色等诱惑，地位也是其中之一。无论是家庭地位还是社会地位，男人都想占它们的主导地位。因为地位意味着尊严，他们决不允许象征面子和尊严的地位受到丝毫威胁。

1. 维护自己的主导地位，男人是女人的头

《圣经》里说，上帝用泥土造人时，并没有创造女人，只创造了男人。可是，男人一个人独居实在太寂寞了。上帝见他孤苦难耐，便趁他睡着时，从他身上取出一根肋骨，创造了一个女人来陪他。所以，女人只是男人的一根肋骨。《圣经》里还说，男人是女人的头，女人是男人的身体。所以，女人爱男人要像爱自己的头一样爱，而男人爱女人则要像爱自己的身体一样爱。因为身体必须听从头的指挥，所以，女人必须听男人的。

因此，《圣经》教导女人不许讲道，如果女人要祷告或讲道，就要蒙着头，并在男人权力的主导下进行，不可自作主张地起来祷告或讲道。如果不蒙着头，就等同于羞辱自己的头。这就如同剃了头发一样。

可是，随着女权主义的出现，不管是在社会地位上，还是家庭地位上，越来越多的男人丧失了自己的主导地位。不管是在家庭中，还是在工作中，他们都一副唯唯诺诺的样子，丝毫没有大男人勇于担当、勇于决策的气魄。

而女人却与之相反，随着女性力量的不断崛起，越来越多的女人走出家门，走向更广阔的天地，她们在工作中雷厉风行，在家庭中独当一面。真是铿锵玫瑰，一路凯歌。

所以，当今社会已经形成了这样一种怪现象：阴盛阳衰。女人爬到了男人的头顶上，她们不再听从头的指挥，而是随意地扭转头，让头听从自己的指挥。而有些所谓的“头”却乐意听从女人身体的指挥，做起了家庭主“夫”。这实在是社会的一大悲哀，仿佛退化到母系社会一般。

男人，应该像雄狮一样驰骋在职场，更应该像勇士一样保护着你的女人，而不应该窝在家里，受女人指使，让繁琐的家务磨灭你的雄心壮志。

为了社会更昌盛发展，为了家庭更和谐美满，为了给下一代男儿树立榜样，男人崛起吧！用你的双手与你的智慧去维护你的主导地位；用你的魄力去征服你的女人；用你宽大的肩膀去撑起一个家庭；用你的力量去推动历史的发展！

人生感悟： 不管什么时候，男人都要谨记自己是女人的头，而女人是自己的身体。不仅要维护自己头的主导地位与指挥权，还要把女人当做自己的身体一样去爱。

2. 有钱有势并不等于有地位

有些男人有钱，但买不来世人的尊敬；有些男人有势，但给不了大家信赖；有些男人什么都没有，却照样占据人们心中的位置。有些男人认为，钱财和权势是男人生命不可或缺的组成部分。所以，他们穷尽一生都在努力地追求着权势，企图通过获得权势来提升自己的地位。

在安徽舒城的一个村子里，有个老爷爷，无儿无女，靠收垃圾和政府一点微薄的津贴过日子。不管谁家孩子，只要碰到他，他都会笑呵呵地牵着孩子的小手去商店里买零食给孩子吃。他年轻时念过私塾，懂古文，会讲很多故事。所以孩子们都愿意跟着他，大伙儿都觉得他是个神奇的魔术师，总能变出花样百出的东西。

村里谁家有红白喜事，他主动请缨帮忙，逢年过节写春联的活儿他全包了。

他勤劳热情，在村民的心中地位极高。他死的时候，拿出所有的积蓄捐给了当地小学。数百人不约而同地给他送行。这些人中，有的孩子听着他当年的故事长大。谁也忘不了，有个老人，曾出现他们欢乐的童年里。

每个男人都想拥有尊贵地位，但并非有权有势就有地位，手握官权，钞票大把，不为老百姓办实事，说话不温暖人心，这样的人何来地位呢？真正有地位的人名声好，威望高，他会尽己所能给周围人带来阳光。他真心帮助别人，把别人的事情当成自己的事，当事情解决了，别人会对他心存感激，他在别人心中的位置也会高一个层次。

有个酒店高管就说过这样的事儿：他在上海一家外资酒店里工作。浦东彼时正搞开发，很多人因此暴富起来。这些有钱人，天天来酒店吃饭。

有一次来了十个人，坐下后就开始招呼餐厅服务员：

“有什么好酒？今天我们喝洋酒。”

值班经理赶紧跑过去，问：“人头马 XO 怎么样？”

“价格”

“2500。”

“档次太低。”

“85 拉菲怎么样？”

“多少钱？”

“28000。”

“好！就这个，拿 10 瓶来，一人一瓶。”

很多人见到这一情景，脸上都会不由自主地流露出鄙视的神色。时至今日，这件事仍被大家传为笑谈。

男人若想有地位，不是通过钱财和权势证明自己的地位。

钱和势诚然能带来一时的美好，但终究抵不过流水光阴。谁也不想有一天自己老了，离开这个世界的时候，手里捏着的只是一沓钞票和虚名吧？趁年少，趁还活着，存善心做好事，努力证明自己，曾到过这个世界。

人生感悟：有些人位高权重却借着权利谋私，很多人表面奉承他们，尊重他们，实际上却极度鄙视他们。这样的人看似有地位，实际上并没有什么地位。因为他们没有获得别人真正的尊敬。

3. 地位可以卑微，灵魂必须高贵

男人的一辈子，一定要想清楚四个相互关联的疑问：你为什么而活，你想为什么而活，你想活成什么样子，你又能活成什么样子？

在祁连山区有个男孩，他学习成绩优异，初中毕业考上了很好的学校，但却被迫辍学了。山区一年之中有 7 个月都是积雪，人们赋闲在家。男孩爹妈负担不起孩子的学费，男孩默默地收拾起书包，决定外出打工。

他来到深圳，进了一家酒店做服务员。有一次，他不小心将一碟菜打翻了，连声向顾客赔礼道歉。顾客没有大发雷霆，只是站起来，笑着说："你用嘴把地上的东西舔干净，我就原谅你。"

男孩低着头，过了很久，他趴在地上，像狗一样地舔干净了地上的食物。

男孩眼里噙着泪花，他发誓今天所受的屈辱一定会加倍奉还给伤害他的人。

若干年后，一个来头不小的大老板下榻同一家酒店。吃饭期间，一旁的侍应不小心打碎了一瓶红酒。

大老板抬头看了一眼，他说：给你一个机会，和我共进晚餐。

侍应大惊，哭着跪在了地上。

这就是当年的小男孩和那位刁难的顾客。后来男孩努力打工挣钱，最终供自己上了高中、大学，直至去哈佛留学。他一直想证明给自己看，地位可以卑微，灵魂却必须高贵。正是因为拥有如此高贵的灵魂，他才有动力去奋斗，努力前进。

一个男人在青年时会感到困惑，在中年时会感到无助，他们在没有找到自我以前，人生都是苍白的。这时的他们做的更多的是躲在那些虚伪浮夸的背后，试图用奋斗来粉碎那些曾被人以为的低劣、鄙俗。没有人生来伟大，没有人天生卑劣。人生是什么色彩，有待自己涂鸦。

男人一辈子有很多机会证明自己，也有很多机会改变命运。不要试图夸大自己承受过的苦难，在还没有实现梦想时，他们并不知道，他们所承受的那些苦难屈辱将是巨大的收获。所以无论生活怎么冷漠，世人多么无情，男人终要明白，男人要活得有尊严。

人生感悟：男人们，当你们努力做过一件自己一生都觉得有意义的事情时，所有曾经的卑微鄙俗和不自信都会烟消云散。最正确的选择，是仰起头活着，努力着、奋斗着，即使孤独，即使寂寞，即使痛苦也要承受，忘掉那卑微的地位，让灵魂高贵地飞扬。

4. 靠什么巩固自身地位

男人为了争得一席之地，会争会抢，打得头破血流也不放手。没有谁会不珍惜血肉之躯拼下的地位和江山。现代男人如此，历代君王亦如此。

从古至今，历代统治者为了巩固君主的至尊地位不择手段。秦朝有秦始皇设立的郡县制、三公九卿制；汉朝有汉武大帝设立的内外朝、刺史；隋朝有隋文帝创立的三省六部；

明朝有明太祖的废丞相，权分六部；清朝有雍正皇帝设立的军机处。这些有心眼的帝王所采取的一系列措施都是为了巩固他们身为一国之君的至尊地位。

这表明地位对男人有着巨大的诱惑力。在追求地位这条道路上即使跌得粉身碎骨也在所不惜。所以获得地位后，便想牢牢地维护和巩固自己的地位。正当维护倒也罢，可有些男人却往往不择手段，最终功亏一篑。

秦勇就是这样一个男人。25岁那年，为了在仕途中获得一席之地，他毅然决然地选择与相恋五年的女友分手，转而娶了一个处长的女儿。在岳父大人的扶持下，秦勇步步高升，不费吹灰之力就升为副处长。

秦勇很清楚自己能拥有今天这样的地位，全靠岳父大人的一手扶持，自己并没有得到锻炼，而且能力有限。忐忑不安的心让他夜不能寐，但他清楚他一定要维护自己的地位，甚至不惜一切代价。秦勇除了想尽一切办法给上面的领导送礼以外，在领导前来视察工作时，他还会给予特殊安排。他的努力没有白费，得到了上面领导的认可。然而，让他没想到的是，没过多久，前一届领导临时调走了，换了一位新领导。秦勇以为他的策略对任何一个领导都适用。没想到，他所做的一切努力却成了泡影。

古今对比，胜者为王败者为寇，秦勇成了活脱脱的贼寇。

历史的昨天不可以重演，男人想要巩固自己的地位不能效仿古时帝王。不择手段放弃一切美好事物等同于放弃自我，生命的意义在于追求，也在于运动。如果这一切都变成了男人的屠宰场，那男人们追求的地位权势不过是一场游戏一片浮云。

人生感悟：自古位高权重的男人，大都千方百计想要巩固自己的地位。巩固地位通常会有两种手段：一面广播仁义，一面诉诸武力。但以古论今，男人们若想稳固已有的地位必须以德服人，光靠不择手段的卑劣权术自然不能让大众信服。

5. 没有担当的男人有了地位便为所欲为

一个男人最重要的品质是什么？现如今，有多少男人思考过这个问题，又有多少女人思考过这个问题？如果细问起来，也许很多人都会摇摇头吧！

因为大多数男人都在为获得尊贵的地位而忙碌，大多数女人都在为找到一个“高富帅”而忧虑。

其实，做男人不用给自己定太高的条件，只需要做一个有担当的男人；女人嫁人不需要看男人有多高有多帅有多富，只需要看他是否有担当。

有担当的男人不会让女人受一点委屈，有担当的男人不会让女人整天泪流满面，有担当的男人更不会抛妻弃子。相反，没有担当的男人往往会在女人最需要他的时候当逃兵，往往在获得荣华富贵以后就伤害妻子。

赫天一就是这样一个没有担当的男人。赫天一的女友晓雪是局长的女儿，两人很相爱。可是，就在结婚前的一个晚上，赫天一送晓雪回家。不料，半路上遇到几个劫色的大男人。当那几个男人一步一步走向他们时，赫天一突然松开晓雪的手跑开了，把女友留在了那里。

晓雪愣在了原地，她怎么也没想到，赫天一竟是这样的人。就在她呆立之际，母亲出现了，说道："你现在看清了他的真面目吧！他是一个没有担当的男人。如果你跟他结婚，你以后会受伤害的。"原来这几个男人并不是什么真正的"色狼"，而是母亲派来试探赫天一的。

就在她们母女打算离开时，几个警察却来了，赫天一自然也来了。赫天一解释说，自己是去搬救兵了这是合乎情理的。晓雪不知道应不应该相信他所说的话，但她知道自己真的很爱这个男人。

也许是太爱他了吧，晓雪终是听不进母亲的劝告，毅然决然地嫁给了他。结婚以后，赫天一得到了岳父大人的帮助，步步高升。

后来，晓雪怀孕了。就在晓雪沉浸在幸福中时，一个不幸的消息传进了她的耳朵。原来，赫天一又在外面找了一个女人。这个消息犹如晴天里响了一个霹雳，一气之下，孩子流产了。这时，她才想起母亲的话。可是，已经来不及了！

没有担当的男人不知道自己肩上的重任，更不知道自己对妻子负有什么样的责任，他们只会为所欲为。尤其是当他们获得地位以后，他们的欲望更加膨胀，将妻子的爱与幸福抛诸脑后，终会把妻子伤得体无完肤。

毫无疑问，这样的男人是世俗所不容的。所以，男人应该做一个有担当有责任心的好男人，用你的臂膀为女人遮风挡雨。

人生感悟：真正的有担当的好男人，他有着一副宽广的胸襟，有着男人的本性和男人味的气魄——体贴善良，成熟简练，善解人意，宽容大度，孝敬父母，体贴妻子，疼爱子女，能够担负起一个家庭的重任，懂得感恩和回报。

6. 加强自身修养，有地位的男人更有男人味

巴顿将军曾说：看一个人的成功，并不是看他在巅峰的时候，而是要看他从巅峰跌入低谷时的反弹力。男人一生都

在不断攀登事业这座高峰，什么样的男人能力战群雄、披荆斩棘登上峰顶呢？有头脑有智慧，有修养有内涵，这样的男人在职场上所体现出来的智慧魄力才最能证明他是否有男人味。

A君2008年毕业，在一家外贸企业工作，他用五年的时间，树立起自己在同事之间的威望，不止于此，他在大家心中的地位也是很高的。有人很奇怪，外企竞争那么激烈，大家拼命往上爬，哪给别人戴红花的机会呢？

可这些难以做到的事A君都做到了，他的武器很简单：少说话，多做事。该表明立场时绝不含糊，该争取的也绝不懈怠。同事之间交谈，他愿意做那个安静的倾听者，他会耐心地听对方说完再发表自己的看法。他不做长舌妇，他是谣言的终结者。他也懂得适时隐藏自己的锋芒，懂得退让利益的分寸。在老板夸奖他业绩非常好时，他会谦逊地说：这都是团队的功劳，大家一起努力的结果。

这样的他，赢得很多同事的信任，当然，也自然得到老板的赏识，升为总监。他很节俭，但朋友同事之间的聚会活动他从不缺席，积极参与，大方买单。

A君在女朋友面前也是男人味十足。他的幽默常常哄得女友十分开心。比如女朋友一个劲儿地要赖让他唱歌，五音不全的他会故作幽默地说：“我卖身不卖艺的。”再比如他穿着一件名牌大衣被女友手上的雪糕不小心碰到时，在女友还没道歉之前他已经微笑地说：“没关系，它也想吃”。女友在他身边很快乐，她能体会到待在他身边的安全感和幸福感。

所以一个男人，他可以不必很成功，也不一定要很有钱，但是他会全情投入生活并且每天有快乐的感觉。他会花五个小时研究一个工作方案是否可行，也能挤出时间在阳光灿烂的早晨为妻子做一顿丰盛的早餐。他张弛有度，可以熬夜加班看很多书，也可以关掉电脑关掉手机给自己放个长假。不管生活和工作怎么矛盾，他都懂得如何调节自己的节奏，怎样体味生活中的情调和趣味，保有一份从容心态。

但提升个人修养不是三两日的装腔作势就能做到的，这是日积月累的漫长过程。多读书，读好书。敢闯敢拼，不怕失败。成功的时候不骄不躁，失败的时候不急不恼。最重要的是，有一颗乐观豁达开朗的心。

人生感悟：男人味可以理解为男人的责任感、幽默感、自信心、快乐的能力，以及必要时的三分柔情。有地位的男人如果更有这样的男人味，没有哪一个女人能抵挡得住这种“极品男人”的诱惑。

7. 男人要有地位，必须要有作为

俗话说："人往高处走，水往低处流。"任何一个男人都渴望得到地位，都渴望被人尊重，被人仰慕。

可是，现如今很多男人失去了男人应有的上进心，他们在工作中得过且过，当一天和尚，撞一天钟，不敢发表自己的意见，更不敢勇敢创新。工作的不如意让他们大为恼火，回到家里，便动不动地向老婆发脾气。结果往往是老婆的脾气比他们更大，他们只好偃旗息鼓。所以，不管是在工作中，还是在家里，他们都低声下气，唯唯诺诺。

也许很多男人会说，这样的生活也不是我想要的，可是，又有什么办法呢？谁叫我没有一个有钱有势的老爸呢？

其实，一个人的高地位不是"靠天、靠地、靠父母"靠来的，也不是靠高学历所取得的，更不是靠工龄长，资格老得来的，而是靠自己在工作中取得的优异业绩和令人刮目相看的那番大作为。

嬴政，统一中国的秦王朝开国皇帝。13岁即王位，39岁称帝。自公元前230年起，先后灭韩、赵、魏、楚、燕、齐六国。他横扫八荒，统一六国，开创了封建中央集权制模式的先河。他筑万里长城，防御敌侵。

秦始皇所做的一切虽然不完全值得称颂，但是我们必须承认，在中国的历史上，他是有一番作为的，正是他的这番作为奠定了他在我国历史上的地位。现在的很多男人不想去奋斗，却想有地位。那么你的愿望永远也不可能实现。要想有地位，必须先要有所作为。否则，一切都无从谈起！

“有为才有位”，所以，男人从现在开始，努力做出一番成绩来，用成果说话。当你的能力越来越强时，你的地位就会越来越高。

人生感悟：从“想成大事”到“能成大事”，这是一个极其漫长的过程。人人都想有所作为，但头脑发热的冲动，不计后果的盲动，都会让你走向愿望的反面。所以将“作为”当做一项马拉松长跑，持续的匀速运动才有可能抵达目标终点。

8. 男人20岁定好位，30岁有地位

男人20多岁时的选择，决定他一生的命运是圆满还是缺

憾；男人20多岁时的规划，将决定他整个的人生品质；20多岁时的定位，影响到男人一辈子的事业和人生方向。男人能在20多岁懂得这些事，那么一生的成功幸福将指日可待！

20多岁是每个男人一生中最灿烂也最青涩的时期，但很多男人因为没有理想，因为不能坚守自己的立场，因为看不穿社会，看不懂世俗，而选择随心所欲地混日子。20多岁，有多少男人是稀里糊涂地走过的。当“2”字结束，迎来“3”以后的十年，爱情、婚姻、家庭、事业、金钱、人际、未来……这些事情都会接踵而至。所以20多岁的人生，决定男人的一生。

20多岁时会无数次地面临选择。毕业后，是就业还是考研？是考公务员还是进入外企？是出国留学还是在本地工作？是先立业还是先结婚？是先要孩子还是先拼事业……就像下象棋，男人所走的每一步都意味着一个重大决定。也许错一步就步步错，一个错误的选择，往往要搭上一辈子的时间去弥补。男人三十而立。所以，男人在20多岁时一定要明确方向，为自己定好位，接下来的十年才能走得更顺畅。那么如何为自己定好位呢？

在你面临选择时，你可以问自己：你是谁？你想成为谁？

“你想成为谁”会决定你未来走怎样的路。但是这些并不由你自己决定，而是你所选择的参考背景决定的。你选择父母做背景，你就是儿子；你选择了学校做背景，你就是学生；你选择了社会，你就是公民。所以，如果你想知道“我是谁”，那么，你首先要选择你现在所处的背景。如果在社会中，你选择父母做背景，可是没有谁会像父母对你那样对你。你将面临困窘尴尬。等待你的就将是角色错乱带来的困惑。

所以，在你回答这两个问题前，你应当首先选择合适的背景。

人生感悟：男人的人生就是一盘棋，在20多岁的美好年华里，不能只是尽情恋爱、约会、疯狂泡吧。生命最旺盛的季节里，应当撒一些种子，让它在30岁后慢慢开花结果。所以，少一些挥霍，多一些理智成熟的考虑，规划好人生的路，尽量不要走偏，且行且珍惜。

9. 获得地位容易，守住地位难

历史上，成吉思汗的铁骑曾经是威风凛凛，威震八方。他率领蒙古骑兵打下了中国历史上最大的疆域。这之后，蒙古人满足于自己的成绩，他们刀枪入库、马放南山，士兵不再训练。没过几年，竟让一个讨饭的和尚夺得了天下。

清朝八旗子弟在打江山时可谓是如狼似虎，从关外一直打入关内，推翻了明朝统治，建立了清朝。而到了清代后期，谁也想不到如狼似虎的八旗子弟却成为无所事事、吃喝玩乐的代名词。

历史的故事总能让男人深思：打江山容易守江山难。获得地位容易，守住地位难。这二者何尝不能划上等号呢？为什么会如此呢？根本原因在于我们不思进取，贪图享受。用孟子的话说，就是“生于忧患，死于安乐”。

是的，很多男人通过千辛万苦获得了至高无上的地位。可是，获得地位以后的他们却变得沾沾自喜，不思进取，整天贪图享乐，最终被他人所取代。

那么男人应该如何守住自己的地位呢？当然，像古时候的君王那样用暴力的方式巩固地位自然不可取，而应该居安思危，给自己树立更远大的目标，一步一步地朝着目标努力前进。

当你不断地超越自己，不断地提升自己，那么不仅能守住自己的地位，还能实现你的人生价值。

所以，男人要想守住自己的地位，就要不断地加强自身修养。

人生感悟：男人想要守住已有的地位，就必须不断否定自己，挑战自我。满足于手中的一切，害怕改变，迟早会从一头雄狮变成一头肥猪。

10. 男人对己“狠”，地位才会稳

男人的一辈子应该是一棵树，由小小的秧苗成长为参天大树。它在大自然中饱经风霜雨露，冬雪冰霜压不断它枝丫，阳光炽热也带不走它洒下的阴凉。他不能是花朵，温室里长出的花朵怎经得起吹打？

所以，男人要想成为那棵直耸云霄的大树，就必须对自己狠。他们要狠，不是对别人狠，而是对自己狠。不疼惜自己也要不娇惯自己，百炼方能成钢。经历锤炼拷打的男人，面对世界时，笃定淡然的神情自有一份自信和坚定。

生活的压力，周围的环境，出人头地的美好愿望，这些都让男人们不得不对自己狠。如果不这样，就很容易找到理由让自己知难而退，畏首畏尾，最终只会前功尽弃。

90后异军突起，身边的女人个个都是硕士博士，谈了女朋友架不住丈母娘逼迫买房，买了房每月的房贷要还。孩子出生要交保险，上学要上补习班，补习班完了还要上兴趣班。老婆兴许还要美美容健健身。父母突如其来的伤病，稍有不慎就被炒鱿鱼……无尽的压力，会让男人们在现实与梦想之

间摇摆不定。

可是，踟蹰犹豫的一瞬间，就有成千上万的对手将我们狠狠地甩在后面。生活就是一场战争，慵懒的人总在抱怨上天的不公，而意志坚定的行动派才是这场战争的大赢家。而男人们所要做的，就是对自己狠点。这方面，越王勾践是绝对的模范。

越王勾践卧薪尝胆的故事想必大家都听说过，勾践在吴国的三年，受尽各种屈辱，甚至尝过吴王夫差的粪便。他每天睡在坚硬的木柴上，便暗暗下决心一定要一雪前耻。为使自己牢记耻辱，他在门上吊一颗苦胆，吃饭和睡觉前都要品尝一下，为的就是要让自己记住教训。经过十年的艰苦奋斗，越国变得国富兵强，他亲自率领军队进攻吴国，成功取得胜利。

如果勾践不对自己狠点，哪来的江山国土？多少名人的成功之路，都有一个共通之处，他们都能严苛地控制自己，他们都能持之以恒地坚持着某种常人难以坚持的习惯，他们都对自己够狠。狠是一种勇气一种血性，“十年磨一剑，霜刃未曾试”，我们都需要这种坚韧不拔的“狠”。

人生感悟：男人对己“狠”，为了梦想，做自己不喜欢做的事，为了梦想坚持不想坚持的习惯。总有一天，发现“狠”会变成一种习惯、一种态度。只要我们举着理想的火把，走再远再黑的弯路也终会到达光明的彼岸。

11. 维护自己的家庭地位，追求男女平等

现代社会，女人们纷纷强调独立，维护女权，女人职业化的趋势对男人形成巨大的压力。男人们却一片怨声载道，网络上有男人哭诉：老婆第一，孩子第二，狗第三，然后是我。以此来形容现代男人们各自的家庭地位。他们被规定禁止喝酒，禁止抽烟，禁止打牌，按点回家。婚前要买房，买房要加名，工资还要上交。三八妇女节女人可以嗨翻天，男人在这个问题上争取了一个多世纪，为啥社会连个男人节都给不了他们呢？

可见，男女终究是不平等的。所以追求男女平等，只是一个相对概念。很多女人觉得自己辛苦，生孩子是自己，养孩子也是自己。她们甚至产生“让男人也生一个孩子试试”的想法。在要求男人也生孩子这件事上来证明自己的辛苦，显然女人太盲目了。同样男人可以说，女人们怎么不去维修电线杆？女人怎么不出海打鱼？

男女平等，是思想的交流，情感的沟通。不是为了某件小事上两人针锋相对，锱铢必较。吃饭的碗筷谁都可以洗，

男人和女人可以共同完成，这不仅有利于他们增进感情，也能使对方对彼此的辛劳有着情感上的体验。

男人需要维护自己的家庭地位不被动摇，但不代表他们必须手握大权，占据家庭的主导地位。一个家庭中，每个社会成员都是一个组成部分，少了谁都叫不完整。在这里，可以民主，碰见问题商议表决，绝不赞同男人或女人垄断裁判大权。一个家庭里必须实行的是“和平民主制”，绝不能让“君主专制”肆意横行。

在天愿作比翼鸟，在地愿为连理枝。夫妻之间应该是相伴相随，相互支持相互鼓励，困难的时候互相安慰，富裕的时候互鸣警钟。而不是计较今天谁干得多谁干得少，谁的地位高谁的地位低。所以为了区区一个家庭地位争得你死我活，不是和谐社会所提倡的。

男人在家庭中的地位的维系靠的是亲和力。稳重不乏幽默。一个家中男人如果很有亲和力，对谁都有耐心都和蔼可亲，处事能力强，细致周到，家人自然就会信任他、依赖他。一切事情就会听他的安排，这样才会取得大家认可的家庭地位。

人生感悟：经济基础决定上层建筑，家庭经济是男人女人感情赖以生存的基础。不可否认，男人的家庭地位必须建立在坚实的经济基础上。物有阴阳，人分男女，阴阳平衡，男女平等，才是健康和谐的社会。

第五章

名誉——热腾腾的诱惑，名誉的光环蒙蔽双眼

莎士比亚说："无瑕的名誉是世间最纯粹的珍珠。"对于男人来说，名誉比他们的生命更重要。然而，很多男人却被名誉的光环蒙蔽了双眼，为了获得名誉不惜一切代价。可是，名誉就像天上的云朵，不能躺进去，只要一躺进去就会跌下来。

1. 渴望拥有名誉是男人的本能

“十年寒窗无人问，一举成名天下知。”这句话出自元朝高明的《琵琶记》。它既写出了古时候那些考取功名的男人十年苦读所历经的艰辛，又写出了一朝成名后身价倍增的荣耀。

很多男人也许都有过这样的记忆：上学时，“十年寒窗无人问，一举成名天下知”这句话常在老师的嘴里蹦出蹦进，但那时的你并不能真正地领会它的意思，只是看到同学获奖时，心里就会涌起一种羡慕之情。

长大后才知道老师是希望学生们通过努力考取好成绩，获得荣耀，满足自己内心所需；也才明白了自己当时涌起的那种羡慕之情是自身对名誉的渴望。然而，当时的自己还太小，还不知道那是内心名誉的召唤。

伯克曾说：“对名誉的欲望，是一切伟大心灵的本能。”是的，在男人一出生时，名誉就根植于男人的心中，男人从小就有追求名誉的心理。这种渴望是炽烈的、是曼妙的，也是沉痛的。

正是因为受到这种心理的驱使，男人就开始渴望获得光荣花，渴望站上领奖台，渴望挥舞着奖杯向世人宣称“我是冠军”。有了这种渴望，男人浑身上下都涌起向名誉前进的动力，各个领域的冠军也都争相诞生。

很多人都有体会：那些冠军们在拿到奖杯的那一刻，他们热泪盈眶，他们笑容满面，他们激动地与人拥抱却说不出一句话来……多少辛酸、多少努力，都在这一刻获得肯定。

也许有人会说，追求名誉是爱慕虚荣，男人应该淡泊名利，怡然自得。其实，渴望拥有名誉不是为了满足男人的虚荣心，更不是为了向他人炫耀你有多么了不起，而是对你自己本身渴望获得荣耀的一种满足，是对自身的一种肯定。它是一种正常的心理现象。正是这种满足促使男人像一位身着铠甲的勇士，披荆斩棘、不辞辛劳地向名誉前进。由此，名誉的光环才能照耀在你的头顶上。

人生感悟：渴望掌声，渴望鲜花，渴望他人向自己投来赞许的目光……这都是男人心灵本能对名誉的渴望，都是满足对自己肯定的心理。有了这种渴望，男人才能像身着铠甲的勇士那样所向披靡，勇敢地朝成功之路前进。

2. 名誉就像海水，饮得越多就越渴

叔本华说："财富就像海水：饮得越多，渴得越厉害。名望实际上也是如此。"名誉是一件太重的行李，男人的生命不能承受名誉之重。正如前面所说，重视和追求名誉是有上进心的表现。但凡事有度，如果一个男人太重视名誉，拥有了太多的名誉，那么他一定背不动，甚至可能把自己压倒，跌入人生低谷。

男人追求名誉本身没有错，可是，很多男人在追求名誉时却不满足，总是希望获得更多的名誉，结果往往会弄巧成拙。叶彬是一个十分重视名誉的男人，把名誉看得高于一切，总是希望获得更多名誉。自从他迈进社会，就一直为名誉而战。

叶彬大学毕业后，进入了一家外资企业工作。他很勤奋，通过三年的努力，他已经从一个小小的职员荣升为部门经理，上司时不时地夸他，下属也都对他毕恭毕敬，这让他很有面子，感觉名誉的光环正盘旋在自己的头顶上。

不过，叶彬觉得这远远不够，他想要获得更多的名誉。为了获得更多的名誉，他开始邀功，处处表现自我，经常以

自我为中心，再也不像以前那样踏实工作了。

有一次，总部派人前来视察工作。叶彬觉得这是一个很好的机会，如果能获得总部的重视，那他就可以出国工作，就扬眉吐气了。将来再回国来，那他就是第二个“唐骏”了。光想想，那辉煌腾达的感觉也很美。

因此，当总部的人到达公司时，董事长带着部门经理以上级别的员工前去迎接。双方见面时，董事长还没伸手与对方握手时，站在旁边的叶彬就率先伸出手去握手。总部的人为了不扫他的面子，微笑着跟他握了握手。

霎时，所有人的目光齐刷刷地射向他，他却颇感得意，只是董事长却脸色铁青地站在那里。事后，董事长找到他谈话，很惋惜地对他说道：“我一直觉得你是一个人才，本来打算向总部推荐你，让你去那边工作一段时间，增长一些见识。回国以后，再任你做总监。可是，你太令我失望了。”

叶彬怎么也没想到事情会是这样子的，垂头丧气地走出了办公室。

任何事物都是物极必反，名誉也是如此，追求得太多，终会被名誉所累。可是，很多男人往往不满足自己已有的名誉，总是不断地去追求过多的名誉。结果，可与愿违，越走越远，越来越远离了最初的目标，直到看不见自己为止。

人生感悟：男人不要过分地追求更多的名誉，过多的名誉不仅不能让你体会到成就感，还会让你在追求名誉这条道路上，迷失自己。因为名誉是一件太重的行李，适当地追求一些，适当地放弃一些，在人生这条道路上，你才能轻松前进。

3. 是名誉的诱惑，还是理想的召唤

有些男人小时候见到观众为演员欢呼时，觉得演员非常有面子，心理便萌发了长大后要像他们那样有名，走到哪里都有媒体前拥后簇，以至于他们后来不管做什么事，只要能出名就好。

张柯上初中时就长得英俊潇洒，眉清目秀。他从小就羡慕那些演员一展身手的身姿，羡慕那么多人为他们欢呼，羡慕他们脸上露出的胜利笑容……因此，他开始萌生出要当出色演员的想法。

为了实现自己的梦想，张柯高中就辍学了，来到一个剧组当群众演员。他以为凭着自己帅气的外表，一举成名只不过是弹指之间的事。没想到，导演根本就没把他看在眼里。

不过，一个体态丰满且颇有几分风韵的女人却看上了他，

她叫李梅，原来她是剧组的合作伙伴，也是一家公司的老总。她私自找到张柯说："我可以将你打造成一名出色的演员，不过，你得答应我一个条件。"

她这句话正中张柯下怀，他来不及问什么条件就答应了。原来那个女人是想将他包养起来，他虽然觉得这违背了男人的道德与尊严，但一想到只要自己迈出了这一步，多少人会挥舞着双手为自己欢呼，多少人会把他当神一样崇拜，多少人会记着他的名字……因此，他义无反顾地答应了。

在李梅的推荐下，张柯果然得到导演的重用，偶尔还会成为一些戏剧的主角。可是，由于他的演技不够成熟，总是被导演批评。意气风发的张柯根本受不了这样的委屈，一怒之下就辞演了。

萎靡不振的他失魂落魄地回到了住处，李梅则柔声安慰道："没工作怕什么，有我养活你呢！"

张柯突然觉得李梅此时就像一棵救命草，他心底的琴弦被轻轻地拨了一下。他怎么也没想到，这个女人会在他最困难的时候安慰他。从那以后，他觉得他们之间不再是单纯的包养与被包养关系。

然而，再次让张柯没想到的是，一年后的一天，李梅却平静地对他说："我们结束吧，我对你乏味了！"

张柯耳边仿佛响起了一个晴天霹雳，他久久无语，强忍着泪水，最后失魂落魄地消失在霭霭暮色中。

培根说："名誉像一条河，轻飘而虚肿的东西浮在上面，沉重而坚实的东西沉在底下。”我们也可以把轻飘而虚肿的东西理解为虚假的荣耀，沉重而坚实的东西理解为理想。如果一个男人盲目地将名誉渗进理想中，那么他的努力不是受到理想的召唤，而是因为名誉的诱惑。他终会迷失自己。

人生感悟：男人，在你追求理想时，请不要把名誉渗进理想中。如果你仅仅为成名而成名，即使“一夜走红”也不能让你体会到真正的成就感，你终会迷失自己。

4. 源于奋斗的名誉才能流芳百世

诺贝尔，一个家喻户晓的名字。这不仅是因为他在化学化工方面做出了重大贡献，还因为他的杰出贡献设置了世界瞩目的诺贝尔奖。诺贝尔奖光芒四射，诺贝尔的名字也流芳百世。

毫无疑问，每一个男人都渴望像诺贝尔那样流芳百世，都渴望站在奖台上手持诺贝尔奖向世人欢呼……可是，他们却不知道这名誉背后需要流淌多少汗水。所谓“台上一分钟，台下十年功”，要想声名显赫，就必须通过努力获得。

可是，很多男人总认为获得名誉有捷径，比如，借着别人的光环来照亮自己，就如一个总管家的仆人也能出去威风一番……然而，他们却不知道只有通过努力获得的名誉才能流芳百世，否则是徒劳的。

“梅花香自苦寒来，宝剑锋从磨砺出。”诺贝尔之所以能取得如此卓越的成就，是因为他不畏艰难险阻进行发明创造。诺贝尔小时候遭遇了一场不幸，家徒四壁，他只读了一年书。“书到用时方恨少，”在进行发明创造时，他也曾面临知识匮乏的处境，不过，这并不能阻碍他前进的步伐，他一边不屈不挠地发明创造，一边持久以恒地自学。在坚持不懈的努力下，他突破了一个又一个瓶颈。

“天将降大任于斯人也，必先苦其心志，劳其筋骨。”在诺贝尔的发明创造取得一定进展时，他的实验室发生了一次大爆炸，他的幼弟及五位助手都不幸丧生，父亲也因此中风而半身不遂。

诺贝尔忍受着失去亲人的痛苦，把实验室搬到了郊外，继续实验，最后成功地发明了炸药，促进了科学的发展。

名誉都是用汗水凝聚而成的。在追求名誉时，男人请记住：一定要用自己的双手努力劳动而获得。只有这样，你获得的名誉才能流芳百世。

人生感悟：每一个男人都梦想名誉的光环永远照耀着自己，可是，名誉不是天上掉下来的。只有通过努力奋斗获得的名誉才能流芳百世，正如玉石越磨越亮，黄金越炼越纯一样。通往荣誉的捷径就是一无所有，男人要靠劳动和创造获得名誉。

5. 经不住名利的诱惑会让名誉扫地

人们都崇拜岳飞，憎恨秦桧。当你走进古木茂盛的岳王庙时，你首先会被紫袍金甲、气宇轩昂、按剑而坐的岳飞塑像所吸引，你崇拜他、仰慕他，赞扬他是中华民族的骄傲……反之，你又会鄙视那袒臂反剪跪在地上的秦桧，你朝他吐唾沫，骂他无耻……

你为什么会这样做？因为岳飞是流芳百世的民族英雄，而秦桧却是遗臭万年的卖国贼。岳飞在战场上英勇杀敌，恨不得一举将金人赶出宋国的领土；秦桧却暗中勾结赵构，包藏祸心，出卖国家与民族利益。当岳飞威胁到他卖国求荣的计划时，他还以莫须有的罪名杀害了民族英雄岳飞，最终成为后人唾骂的千古罪人。

作为男人，你为岳飞感到不公，他在战场上厮杀了半生，最后却落了个含冤而死的结果，你多想穿越到那个年代，多想替岳飞打抱不平。可是，你毕竟是生活在 21 世纪的男人；

你憎恨秦桧，可他历任两代宰相，是何等的风光无限，炽手可热。你多想朝着他的本人吐唾沫。真是君子蒙冤，小人得志啊！可是，历史自有其定论。秦桧遗臭万年，而岳飞流芳百世。

岳飞与秦桧为后人留下了深刻的教训，所以，男人应该明白一个道理：一个人只有"珍惜名誉，恪守情操"才能流芳百世，否则就遗臭万年。如果秦桧当年没有勾结金人，出卖国家与民族利益，残害忠良，也许你今天会尊称他为"一代名相"。可惜，他因为没有经得住名利的诱惑，将个人利益放在了自己的名誉之前，最终沦为人人唾骂的千古罪人。

经不住名义的诱惑只会让名誉扫地，所以，年轻的男人们一定要注重个人修养，拒绝各种诱惑，珍惜自己的个人名誉。如此，你就会像岳飞那样，让人尊敬和佩服。

人生感悟：俗话说："人活一张脸，树活一张皮。"面对世界上的各种利益诱惑，一个男人只有选择珍惜名誉、恪守情操，视名誉为生命，视金钱如粪土，保持着一颗平常、洁净之心，才能不掉进名利为你设下的圈套。

6. 追求虚名，是你向自己撒谎

虚名就像雨后彩虹，虽然万分美丽，但往往只能存在一会儿，只要水分一蒸发了，就立即会消失。如果一个男人追求虚名却不注重实际，表面上看起来很聪明，实际上却非常愚蠢。因为这不过是虚名诱惑他们向自己撒了一个谎。

我国著名的清谈家、号称“口中雌黄”的王衍对此深有体会。王衍是清谈玄学的代表人物，曾历任中领军中书令、尚书令，位至三公。虽然身居高位，却整天玄谈，不以国家大事为重，每天都在考虑怎么保全自己。

当东海王司马越擅政获胜后，王衍上书说：“中原目前已经大乱，应该依靠各地的地方长官负责国家大事，因此应该选择文武兼备的人才出任地方长官。”

于是，就推荐亲弟王澄为荆州刺史，族弟王敦为青州刺史，并对他们二人说：“荆州有长江汉水的坚固，青州有背靠大海的险要。你们两个镇守外地，而我留在京师，就可以称得上狡兔三窟了。”

王澄与王敦本是无赖之徒。王衍任用他们完全是任人唯亲。也许连他自己都没想到，他的这一举措，不仅使自己丢掉了身家性命，还导致西晋的灭亡，甚至对后来东晋的局势也造成了重大影响。

永嘉四年（310年），石勒、王弥等进逼洛阳，晋军全身覆没，东海王司马越病死，王衍被俘。尽管他仍想保全自身性命，在与石勒的交谈中不仅推托自己的责任，还劝石勒建国称帝，最后被活埋。

在临死时，王衍幡然醒悟："呜呼！我辈即使比不上古人，如果从前不效法提倡浮华虚无，合力来匡救天下，还可不至于弄到今天这步田地。"

只可惜，王衍明白得太晚了。回顾他这一生，倘若他不被虚名所诱惑，能够以天下为己任，那么，他也不会落得个"粉身碎骨"的下场，也不会加速西晋的灭亡。

王衍的故事给历代男人们上了重重的一课：一个男人要想成大事，必须看轻名誉，注重实在。这样，反而能获得更多的名誉。

人生感悟：行动犹如琴弦，名声犹如琴声。美的名声永远是美的行动发出的回音。像那些"挂羊头卖狗肉"而名实不符、表里不一的一类"名人"，最终只能昙花一现。男人就要不图虚名，脚踏实地、一步一步地向事业成功前进。

7. 爱惜名誉，要从小做起

普希金说：“爱惜衣裳，要从新的时候做起；爱惜名誉，要从小的时候做起。”可是，很多男人都认为男孩子小时候什么也不懂，就知道调皮捣蛋，怎么可能懂得要爱惜名誉呢？

很多男人对自己的童年都有这样一种印象：调皮捣蛋，把父母的话当耳边风，天生爱搞破坏，脸皮很“厚”，即使受了批评，用手在脸上抹了抹，又开始玩去了……

先别自我否定，你先来看看劳伦斯先生是怎么说的。劳伦斯先生是澳大利亚一所公立小学的班主任，他说：“哪怕再顽劣的孩子都有名誉心，所以，要想他朝诚实、进取的人生发展，父母要尽可能地激发孩子的名誉心，让他有机会为自己的所作所为感到光荣，感到自豪。这就是所有孩子向善而行的根基。”

是的，再调皮捣蛋的男孩子都有名誉心。所以，男人要深深地认识到：爱惜名誉抵制诱惑，要从小做起。要知道澳大利亚的学校为了培养学生从小爱惜名誉，采用了课本循环使用的制度。比如说，一个一年级学生使用的主要课本，像数学、语文、地理、历史等，都是从二年级某个学生手中“继承”下来的。获得课本的这个一年级学生使用该课本一年以后，也必须将课本完整无缺地保留下去，让学弟学妹们继承。这种免费使用的课本背后还附有一张表格，历任使用者都会在上面签名。

因为前任同学为该学生做好了榜样，获得课本的这位学生也会努力为后任同学树立榜样，他会尽他所能，保持课本清洁，不辜负自己的名誉。即使那些恶迹斑斑的男学生也会为后任同学做好榜样。

这种课本循环使用的制度不仅激发了孩子的名誉心与廉耻心，还规范了孩子的自身行为，让他们从小就懂得严格遵守要求，做可以做的事，坚决抵制那些不能做的事。

爱惜名誉要从小做起。这就要求男人从小就要做到自觉、严格地要求自己，不做那些不符合道德的事。

人生感悟：如果一个男人小时候内心深处就激发出了因名誉而起的自豪感或廉耻心，那么他长大后就会明白什么事情可以做，做了以后会给自己带来的宝贵的名誉；什么事情不能做，做了会有损名誉。一个男人有了一颗珍惜名誉的心，就会自觉抵制各种诱惑，绝不会为了某些利益而出卖自己的灵魂。

8. 淡泊方可明志，宁静才能致远

诸葛亮在《诫子书》中写道：“非淡泊无以明志，非宁静无以致远。”这句话的意思是说：“如果不看轻眼前的名利就不会有明确的志向，就不能全神贯注地学习，就不能实现远大的人生目标。”诸葛亮正是用“双重否定”的句式，既表现了他对儿子的谆谆教诲与无限的期望，又对自己的一生进行了总结。

淡泊与宁静是生活的真谛。古往今来，淡泊名利的有识之士不乏其数，陶渊明、许由等。他们主要以自己淡泊名利的崇高节操赢得了后世的尊敬。

庄子在《逍遥游》里，讲了一个“尧让天下于许由”的故事。很多男人都知道尧是我国古代圣贤的君主，而许由呢，是一个传说中的高人隐士。

尧非常赏识许由，认为他比自己更有管理国家的才能。于是很诚恳地对许由说：“先生，自从我见到你我就知道，我治理天下与你治理天下，就好像是火炬遇到了阳光，一桶水遇到了天降甘霖一样，我是不称职的，所以我请求把天下让给你。”

许由却淡淡地回答道：“你已经把天下治理得这么好了，我还要天下做什么？我来代替你，难道我就图一个名吗？要知道名实相比，实是主人，而名是宾客，难道我要为了这个宾客来代替你吗？我看还是算了吧！”

许由不图一时的名誉，却留下了一世的清名。他淡泊名利的崇高节操获得了后人的尊重与敬爱，流传千百年。假如许由当时没有经受住天下的诱惑，接受了尧的请求，也许我们今天听到的就是一个臭名昭著的君王。

许由为那些名誉熏心的男人树立了一个榜样，当你为追求名誉所苦恼时，不妨学习一下许由这种精神。其实，一个人不管能不能被世人记住，都是要走向同一个终点。能被世人记住最好，不能为世人所知，这一生只要问心无愧，你也可以活得坦然自在。

人生感悟：人生在世，一个男人最好的活法就是淡泊名利。当然，淡泊名利并不是不追求梦想，而是追求了梦想，不管其结果如何，都坦然接受！因为人活的是一个过程，结果都是一样的。所以，一个男人要做到淡泊名利就要不因受宠而忘形，不因失落而沮丧，不因富贵而娇纵，不因清贫而自惭。

9. 好名声比金钱更有价值

人生在世什么最重要、最长久？有些男人认为金钱，有了金钱就有了一切。事实上，金钱有价，名誉无价。金钱花光了还可以再挣，而名誉一旦失去了，就难以挽回了。

可是，有些男人辛辛苦苦为自己赢得了好的名誉，却因为经不起金钱的诱惑，而将自己的名誉毁于一旦，臭名昭著。所以，名誉比金钱重要，男人一定要珍惜你通过努力所获得的名誉，千万不要为了金钱而做出有损名誉的事情。

曾经在滑铁卢大败拿破仑的威灵顿将军可以说是远近闻名，他深知自己的名誉来之不易，任何东西都无法买到的。所以，他非常珍惜自己的名誉。

有一次，威灵顿将军想买下自家附近的一块空地，便派一名部下去跟土地的主人商议买卖事宜。

没过一会儿，那名部下就回来了，并得意洋洋地报告说："那块地本来值1500英镑，但我用1000英镑就买下来了。当我报上将军的名号，对方就吓得直打哆嗦。二话不说，就答应了我的要求。”

威灵顿气愤不已，大声斥责道：“你把我的名誉以500英镑的价钱贱卖了。”

第二天一早，威灵顿将军又派这名部下给卖主送去500英镑。

威灵顿将军这一举止及时挽救了自己的名誉，假如他不这样做，他可能就落个“搜刮民脂民膏”的罪名，显赫一时的名誉可能一去不复返。

莎士比亚曾说：“谁要是偷走了我的钱包，他只能算是偷走了没有多少有价值的东西，而谁要偷走了我的好名声，他就等于自己富不起来，反而让我沦为贫穷者。”

一个好名声受益终生，而名誉得来不易，失去它却很容易。男人天生就是爱面子的动物，所以，不管什么时候，你都不能拿自己的名誉去换取金钱、地位与权力。

人生感悟：所谓“人过留名，雁过留声”，一个拥有好名誉的人即使死了，他的名誉也会流传千古，像岳飞、雷锋等。可是，人死了却不能把金钱带走。所以，名声比金钱更重要、更长久，男人必须抵制各种诱惑，珍惜自己的名誉，千万不能做出有损名誉的事情。

10. 追求卓越，而不是徒有虚名

著名的音乐艺术家、企业家杰伊·Z说：“一两年的成功，可以称之为‘红’，你是被需求的。而卓越，则是能够在较高层次上坚持很长一段时间。”

然而，在这个浮躁的年代，很多男人都渴望一举成名，一夜暴富。然而，真正追求卓越的男人却是凤毛麟角。其实，名誉只是一时的，而卓越才是一生的。因此，男人更应该注重追求卓越，而不是成名。事实上，当一个男人真正追求卓越时，名誉也随之而来了。

陈坤是很多男人心目中的偶像！可你们知道他取得成功的经历吗？陈坤今天的成功可以总结为一句话：他努力追求的是卓越而不是成名。

陈坤最初是一名电影学院的学生，在读大三时，他一直以为自己没有准备好，一直觉得自己功力不够，所以，当一些导演邀请他时，他推掉了很多影视剧的演出机会。可是，事实证明，他早已经做好准备。

机遇往往青睐有准备的人。有一次，陈坤陪朋友去《国歌》剧组试戏，出门时正好遇到吴子牛导演。吴子牛导演看了看他，问道："你是电影学院的?"他点了点头。吴子牛导演觉得他很有表演才能，后来便让他扮演聂耳。陈坤就这样走进了演艺圈。

在演艺圈奋斗几年后，陈坤在《像雾像雨又像风》中扮演主角陈子坤，随着这部电视剧的走红，陈坤也声名鹊起。

声名鹊起的陈坤并没有因此而骄傲，而是继续努力，一直朝着他的卓越前进。这也是陈坤一直拥有良好口碑的原因。

"无心插柳柳成阴。"男人在追求名誉时，一定要像陈坤这样坚持一个信念：不要为追求成名而成名，而应该为追求卓越而成名。因为成名后不一定取得了卓越的成绩，而取得卓越的成绩后，你的成绩终会给你带来耀眼的光环。

人生感悟：在追求名誉的道路上，男人一开始就应该问自己是追求卓越还是追求成名。要知道为追求成名而成名，以后的路只会越走越窄，名誉的光环可能只会照耀你一时；为追求卓越而成名，以后的路会越走越宽，名誉的光环却可能照耀你一世。想要哪一种人生，请先思考清楚。

11. 牺牲个人名誉，成就国家名誉

名誉并不是一个孤立的概念，个人名誉往往与个人所处的国家，所属的民族息息相关。即在个人的小名誉之上，还有一个国家和民族的大名誉。

面对个人名誉与国家名誉，有些男人宁可危及自己的利益也绝不危及民众的利益，宁可丧失个人名誉也绝不让国家名誉受损，比如，流芳百世的苏武、文天祥、戊戌六君子等。可是，有些男人为了获得个人名誉，不惜以牺牲国家名誉为代价。这无疑是愚蠢而荒唐的行为，因为这样不但不能保全自己的名誉，反而会毁掉自己的名誉。古有秦桧，今有汪精卫。所谓“皮之不存，毛将焉附”说明的就是这样一个道理。

所以，作为中华民族的儿女，男人对国家肩负着重大责任。所以，男人绝不能让国家名誉受损，在迫不得已时，宁愿牺牲个人名誉，以成就国家名誉。

纵观我国历史，为维护国家利益而牺牲自我名誉的人比比皆是。比如，戊戌六君子。在那个封建思想严重的清朝末

期，大多数人都为封建思想所束缚，只有一小部分人思想开始觉悟，产生了新思想。而戊戌六君子就是这一批拥有新思想的代表人物，他们深知国家已处于危险边缘，如果再不进行变革，清朝将走向亡国的道路。

为了使国家富强，为了维护国家的兴衰和荣誉，他们开始变革。然后，一些封建势力不能接受他们的思想，认为他们是祸国殃民。

戊戌六君子不为封建势力所屈服，不管世人的流言蜚语，一心为国家富强而积极发动戊戌变法运动。很不幸的是，戊戌变法运动很快就夭折了。而戊戌六君子除了康有为以外，其他人均殉难。

事实证明，戊戌变法运动是一场爱国救亡的政治运动，戊戌六君子虽然死了，但他们的名誉却在历史上画了浓墨重彩的一笔。

戊戌六君子用鲜血激励了无数男儿的救国志向，继他们之后，前赴后继，改变了历史的命运，开创了新中国的篇章。

人生感悟：“天下兴亡，匹夫有责”。当个人名誉与国家名誉出现冲突时，男人应该以国家利益和名誉为重，必要的时候应该牺牲个人名誉以成全国家名誉，而且要时刻谨记：国家名誉高于一切，做一个爱国的青年。

第六章

机遇——火辣辣的诱惑，机遇往往与陷阱并存

机遇与诱惑总是结伴而行。如果把人生比作一场旅行，那么机遇就是旅途中最美丽的那道风景，可遇而不可求；而诱惑则可能是旅途中遇到的几朵艳丽的毒蘑菇，外表美丽惹人爱，实际却蕴含着致命的毒素。一个人要想成功地走完这场旅行，就必须抵制各种诱惑，把握机遇。

1. 机遇具有诱惑力，但诱惑并不等于机遇

几乎每个男人都知道抓住机遇是获得成功的关键，为了获得成功，他们苦苦等待着机遇之神的到来。可是，机遇之神总是喜欢跟他们开玩笑，蒙着面纱，若隐若现，总是不让人看清她的真面目，让男人充满了无限遐想。

正因为机遇之神蒙着面纱，天生具有诱惑力，诱惑便像瘟神一样跟随着机遇，总是与机遇结伴而行，让人误以为诱惑就是机遇。事实上，诱惑并不等于机遇。

如果说机遇是一位难得一遇的知音，苦苦寻觅也不一定能遇见，那么诱惑就是一群狐朋狗友，天天围绕在你身边；如果说机遇是人生旅途中的一道风景，那么诱惑则可能是旅途中遇到的几朵鲜艳的毒蘑菇……总之，机遇通向成功，而诱惑却通向失败。

赵柯是一名会计，他认识一个老板。这个老板天天追着他，先说要给他一辆车，后来又要赵柯去他公司上班，最后还承诺给他股份。赵柯此时正厌烦自己的工作，正如他意。他来不及思索，就辞职去了那家公司上班。

一去上班，那个老板就说现在要投资一个项目需要他先垫 10 万资金。赵柯觉得没有付出哪有收获，毫不犹豫地把自己存的 10 万元给了那个老板。没过多久，那个老板又说，这个项目投资不顺，还需要一笔钱，又让他给 10 万，并说如果这次成功了，就分给他 200 万。赵柯虽然有些犹豫，但仍然拿出了自己的全部积蓄。

然而，就在他等着坐收渔翁之利时，那个老板竟然消失得无影无踪。此时，他才发现自己上当受骗了，打电话报警。这个老板虽然被找回来了，可是，他却花光了赵柯的 20 万存款。赵柯后悔不迭。

男人很容易冲动，很容易意气用事，在没有看清机遇的真面目之前，就开始大张声势地行事。结果，掉进了诱惑的陷阱中。

诱惑往往以机遇的面貌呈现在男人们眼前，但诱惑并不等于机遇。所以，男人千万不要错把诱惑当成机遇。

人生感悟：机遇也是一种诱惑，而且是一种健康的诱惑。这种诱惑能激发一个男人的雄心与潜能，让他像驾驶着一艘快艇一般飞快地到达成功的彼岸。但男人容易冲动的性格又使他看不清机遇的真面目，结果错把诱惑当成机遇。

2. 机遇只敲一次门，诱惑却按着门铃不放

机遇与诱惑总是相伴相行，男人易冲动的性格就决定了他分不清谁是机遇，谁是诱惑。其实，机遇只敲一次门，而诱惑则按着门铃不放。如果你在开门的那一刹那，先控制自己的冲动，用理智看清来者是谁，那么你就不会掉进诱惑的陷阱中。可是，很多男人受到冲动性格的影响，都被摁着门铃不放的诱惑迷惑住了。

容易冲动的张斌对此有痛彻心扉的体验。他大学毕业后，就自主创业，开了一家服装店。通过几年的努力，终于在这一行拼出了一番阳春美景。

本是大展宏图的时候，可是，却有一个朋友介绍他做融资，据说这行很赚钱。这个朋友不厌其烦地给他讲解融资有多么赚钱，张斌终于经不住诱惑，转了门面，开始做融资。真正做融资以后，他才发现融资远没有朋友说的那么容易赚钱。

张斌有些灰心，但并不甘心就这样失败。于是，他又接二连三地涉足其他热门行业，几乎像所有没头脑的商人一样，看到哪一行好做，就立马冲过去。结果不仅没赚着银子，还

赔了本，在心灰意冷时又冲了出来。结果，生意做得如同候鸟过冬一样难熬。

赔了夫人又折兵，张斌现在常常感叹：如果我当初坚持开服装店，也许我就是李嘉诚似的人物了。

诱惑就像尘土一样，无处不在，无孔不入。它时刻吹鼓着男人膨胀的欲望，让男人失去应有的理智，像飞蛾扑火一样奋不顾身地扑了进去，淹没在眼前短暂的挣钱欲望中。所以，男人想要获得成功，必须抵制诱惑。不过，抵制诱惑必须先认清诱惑。

机遇只敲一次门，诱惑则按着门铃不放。做一个理智的男人，当门铃响起时，你先戴上智慧的眼镜，真正看清来者之后，再打开那扇门。如果是机遇在敲门，就立刻打开门迎接它的到来；如果是诱惑在敲门，那么不管它怎么按着门铃不放，也不要为它开门，永远地将它拒之门外。

人生感悟：机遇像天空中瞬间即逝的流星，虽然美好却总是抓不住。男人要想抓住机遇，必须控制住冲动，用理性的头脑分清机遇与诱惑，练就异常敏锐的洞察力。

3. 爱慕虚荣让男人错把诱惑当机遇

很多人都用“死要面子活受罪”来形容男人，不得不承认男人是一种最爱面子的动物。他们喜欢被崇拜的感觉，喜欢别人都仰视他……这都是他们爱慕虚荣的本质所决定。

诱惑似乎也看中了他们爱慕虚荣的本质，专找男人的软肋下手。很多男人因为经受不起诱惑的糖衣炮弹，跌入万丈深渊。

王允是一家服装公司的总经理。自从坐上总经理这把交椅，他不仅多了一种被崇拜的感觉，还时不时地能听到一些赞美的话，几乎听不见反对的意见。他每天都乐在其中。

有一位客户向他推销布料，见他如此爱慕虚荣，在签合同时，就说道：“王总，你这套衣服真是太适合你了，把你的气质都体现了出来。”王允听到他这句话，不由自主地抖了抖衣领。

客户接着又说：“王总，你真是独具慧眼啊，我们公司这次推出的这款产品不管是面料还是颜色来说都是独一无二的，现在为了促销，都打八折。机不可失，失不再来。你赶紧签了合同，我这就给你送货过来。名额有限，要出手慢了，可能就没有了。”

说完，又大大地赞美了王允一番，王允心里像吃了蜜一样甜。来不及细看合同，更没有亲自去看看产品，大笔一挥就签了自己的名字。结果发来货一看竟全是次品，让王允大跌眼镜。因为王允的失误，给公司造成了很大的损失。老板撤了他的职。

摸着这些布料，王允长叹一声："原来甜言蜜语也是一种诱惑啊！"

甜言蜜语也是一种诱惑，男人常受爱慕虚荣的心理驱使，往往经不起别人的甜言蜜语，一时冲动之下，误把诱惑当机遇，结果按照别人的意图行事，最后跌入了别人给他设的陷阱中，叫苦不迭。

人生感悟：喜欢被夸赞是男人的天性。有些男人被别人夸赞了几句就乐晕了头，分不清东南西北，更分不清机遇与诱惑，结果，错把诱惑当机遇，上当受骗！

4. 把诱惑错当机遇，一步一步地走向地狱

诱惑总是披着漂亮的外衣，以机遇的面貌出现在男人面

前。男人渴望成功，更渴望抓住机遇，结果一念之间，就牵错了机遇与诱惑的手。

然而，诱惑却是外表美艳的潘多拉。为了满足男人的虚荣心，她打扮得光鲜美丽来到男人面前，含情脉脉地注视着男人，承诺男人想要的一切，诱使男人一步一步地走向地狱之门。然而，很遗憾的是，很多男人已经迈进地狱之门，仍然没有幡然醒悟。

历史上的著名汉奸周佛海就是一个例子。周佛海年轻时风流潇洒，才华横溢。1921 年 7 月，周佛海曾是出席中国共产党第一次全国代表大会的十三位代表之一。假如他后来没有将诱惑当成机遇，他或许就不会被列入我国历史上有名的汉奸行列。

1924 年，当时的国民党势力日渐壮大，而共产党却在夹缝中生存。周佛海似乎看不到未来，觉得此时正是加入国民党的大好时机。于是，他转而加入国民党，摇身一变成为国民党右派营垒中的干将和蒋介石的心腹。

风光无限的周佛海又被蒋介石派到汪精卫身边做卧底，前途看似一片光明，他暗自庆幸自己成功地抓住了机遇，开创了辉煌的人生。

1938 年，日本人大摇大摆地挺进了中国。他们来势汹汹，大有吞没整个中国之势，汪精卫见风使舵，公开出卖国家与民族利益，投降日本。跟随汪精卫工作的周佛海也认为这是一个飞黄腾达的机会，也投降日本，成为不折不扣的汉奸。

1947年，全国人民强烈要求“快速严惩汉奸”，周佛海被软禁在重庆。后来，又被移交南京监狱。面对阴森森的铁栅栏，周佛海伤心欲绝挥笔写出“暮霭苍茫夕照斜，饮烟缕缕万人家。四围山色红如血，独立高楼看晚霞”等。

历史不会倒转，人生不可重来。男人每一次选择都至关重要，决定着你的人生方向。所以，男人在进行选择时，要用理智的头脑、发展的眼光，认真权衡，考虑清楚后再作选择。

人生感悟：机遇通常穿着破旧的外衣出现在男人面前，而诱惑通常穿着鲜艳亮丽的外衣出现。然而，男人是视觉动物，往往能注意到穿着鲜艳的诱惑，却很难发现穿着破旧外衣的机遇。一念之间，就错牵了机遇与诱惑的手，结果诱惑促使你一步一步地走向地狱之门。

5. 成功就是拒绝了诱惑，抓住了机遇

在成功这条道路上勇敢奋进的男人都知道抓住机遇是获得成功的关键。可是，要抓住机遇就必须先拒绝诱惑。从某

一方面来说，人生的成功或许就是勇敢抵制诱惑、果断抓住机遇的过程。

趟过悠悠五千载的岁月之河，打开历史的长卷，刘邦与项羽的争霸场景时不时地浮现在我的脑海中。面对既定的历史，我时常在想一个无名小卒的刘邦怎么能一统天下，成就霸业；一个大义凛然的英雄项羽又怎么会自刎乌江。

时至今日，我终于参悟一点：一个人拒绝了诱惑，抓住了机遇，成功了；一个人受义利所诱惑，错失了机遇，失败了。

两千多年前，刘邦率军进入咸阳，将秦朝统治者赶下历史舞台。面对富丽堂皇的宫殿、美丽动人的妃嫔，无数的金银财宝，他垂涎欲滴。可是，他知道这一切目前还不属于他，他必须退军壩上。

因为他能审时度势，才抵制住了金钱与美女的诱惑；他能深谋远虑，才抵抗住帝位的诱惑；他能高瞻远瞩，才抓住机遇，最终君临天下。

假如刘邦当时没有经受住诱惑，不顾一切地拥抱美人，怀揣珠宝，坐上尊位，那么项羽也许早就取掉了他的身家性命。

与刘邦相反的项羽，他为诱惑所迷，不仅失去君临天下的机遇，还自刎乌江，落了个“不可沽名学霸王”的名声。

鸿门宴前，项羽他被项伯的巧言辩解所诱惑，失去了立即攻打刘邦的机遇；鸿门宴上，他为刘邦的委曲求全、曲意逢迎所诱惑，为樊哙的忠肝义胆所诱惑，失去了果断斩杀刘邦的机遇；鸿门宴后，他为刘邦的贵重礼物所诱惑，失去追赶刘邦的机遇。正是因为项羽一次次被诱惑，失去一次又一次机遇，最后在垓下被围，他“无颜见江东父老”而自刎。

“胜者为王，败者为寇”。同样是男人，人生结局竟如此地大不相同，不是因为机遇之神有所偏袒，而是当机遇与诱惑同时出现时，一个拒绝了诱惑，抓住了机遇，成为了高贵的九五之尊；另一个没能经受住诱惑，错失了机遇，自刎乌江。

人生感悟：在追求成功的这条路上，诱惑迷惑了男人的双眼，阻挡了男人前进的道路，使他看不见未来。所以，在成功路上奋斗的男人，如果你想要抓住机遇，那么就一定要拒绝诱惑。拒绝了诱惑，才能成功地抓住机遇，才能更容易到达成功的彼岸。

6. 练就充满智慧的双眼，分清是机遇还是诱惑

“抵制诱惑，抓住机遇”最重要的一点就是要分清机遇与诱惑。可是，机遇与诱惑并不泾渭分明，往往让人难以辨清。

如果一个男人没有一双充满智慧的双眼，那么他肯定会被诱惑所蒙蔽，错失机遇。

因为机遇总是披着隐身外衣悄无声息地来到男人身边，在男人还没有发觉时，它又悄悄地离开。而诱惑却与之相反，它总是披着美丽的外衣，光明正大地出现在男人身边，怎么都不愿离开你。直到深入你的骨髓，侵占你的灵魂，最大限度地激发你的欲望，先把你捧上云霄，再温柔地放开你，使你从云端一下子落入谷底，让你跌得粉身碎骨。这时，你才发现原来你抓住的不是机遇，而是诱惑。

在机遇与诱惑面前，迫切需要男人练就一双充满智慧的双眼。不仅要眼观八方，还要审视自己的内心。如此，才能分清机遇与诱惑。

李世民是男人堆中的极品，他之所以能成为一代明君，是因为他独具慧眼，不仅慧眼识俊杰，还能分清机遇与诱惑。熟悉历史的男人都清楚，大唐边境和谐安定，李世民功不可没。

在大唐建国初期，李世民设计突击突厥，使敌人纷纷仓皇而逃。大家都认为这是一个难得的机遇，应该乘胜追击，但李世民却认为大唐建立不久，应该以休生养息为主，而不是一味好战。于是，他选择与突厥会盟，建立友好关系。从此，大唐边境和谐安定。

毫无疑问，李世民拥有一双充满智慧的眼睛，他不仅看到了大唐的具体国情，还很清楚对方的实力。在这种情况下，乘胜追机不是机遇，而是诱惑。正因为他分清了机遇与诱惑，才将“知己知彼，百战百胜”的策略运用得惟妙惟肖。

所以，分清机遇与诱惑，首先就要求男人要明白自己内心最需要什么，是否符合道德标准，还要弄清楚自身优劣。只有符合自己内心需要的且适合自己的才坚持去做，不符合的坚决不做。不管它如何充满诱惑力，只要坚定自己的信念，一心一意做自己想做的事，那么就能直达目的地。因为机遇总是青睐有准备的人。

其次，男人还要靠自身的学识、能力、经验与个人修为来揭开诱惑的真面目。只有加强自己的个人修养，你才能如鱼得水地审时度势。只有先分清机遇与诱惑，才能成功抵制诱惑。

人生感悟：分清机遇与诱惑，首先就要求男人练就一双充满智慧的双眼，不仅要审视自己的内心，还要眼观八方，做到知己知彼。如此，就能成功抵制诱惑，发现机遇，为成功创造条件。

7. 专注是成功抵制诱惑、抓住机遇的法宝

诱惑无处不在，并像空气一样时刻围绕着男人，只要有一点孔隙，它就钻了进去，让很多男人都哭笑不得。做事三心二意的男人正是诱惑的最爱，诱惑表面上给他们想要的一切，激发他们膨胀的欲望，让他们看不清自己的前进方向，不顾一切地朝诱惑扑了过去，结果身陷泥潭不能自拔。

与做事三心二意的男人完全相反的男人做事专注，他们专注于自己的人生目标，朝着目标勇敢前进。不管诱惑使出什么招数来引诱他们，他们只知道这不是自己的人生目标，于是他们挥挥手继续前进，把诱惑狠狠地甩在了一旁。把诱惑甩开以后，机遇就悄悄地浮上水面，做事专注的男人一眼就能看出这正是自己实现目标的机遇，于是便眼疾手快地抓住了。毫无疑问，他们最后成功了。

我国历史上那些考取功名的有识之士之所以有飞黄腾达的一天，是因为他们一心一意地想要考取功名。为了实现自己的愿望，无论寒冬，还是酷暑，他们孜孜不倦地苦读四书五经。所谓“两耳不闻窗外事，一心只读圣贤书”。正因为他

们拥有这种专注精神，才有衣锦还乡的那天。

假如，他们既想考取功名，又经受不住外面花花世界的诱惑，一拿到书就想外面的空气如何新鲜，外面的景色如何美丽，外面的姑娘如何漂亮……那么，他们永远也等不到身穿官服的那一天。

古人如此，现在的年轻男人更需要如此。很多人都感叹这个世界诱惑太多。卢梭说："谁成了哪一行的尖子；谁就能走运，因此，不管哪一行，我只要成了尖子，就一定会走运，机会自然会到来，而机会一来，我凭着本领就能一帆风顺。"所以，"这个世界诱惑太多"不过是男人三心二意的借口，如果你能专注于自己的人生目标，那么就能成功地抵制诱惑、抓住机遇。

人生感悟：专注是成功抵制诱惑、抓住机遇的法宝。不管这个世界上有多少诱惑，男人只需要专注于自己的人生目标，积极地为迎接机遇的到来做准备，你终有成功的那一天。如果你三心二意地做事，那么诱惑将如影随形地跟着你，直到吞噬你的灵魂为止。

8. 坚定意志，抵制诱惑就是把握机遇

也许很多男人在小时候就听过苏武牧羊的故事，他们为苏武的爱国精神所感动，却从没想过这个故事为什么能流传千古。这是因为故事中的主人公不受荣华富贵的诱惑，最终等来了获救的机遇，从而成就了千古传奇的佳话。

苏武本来作为一名使者出使匈奴，但由于受到牵连被扣了下来。苏武高风亮节，本想以死证明自己的忠义。可是，却被救了过来。

被救过来以后，苏武想既不能以死证明自己的忠义，那么就要生当作人杰。卫律（一个向匈奴投降的使者）以自身举例说，如果他能归顺匈奴，那么苏武将来就可以跟他一样，赐爵封王，拥有享不完的荣华富贵。

然而，面对荣华富贵的诱惑，苏武无动于衷，还大骂卫律作为汉朝的臣子，竟然不顾及恩德义理，背叛皇上、抛弃亲人，在异族那里做投降的奴隶，将受到世人的唾骂。

这远远出乎卫律的意料，他又以严刑威胁，苏武不为所动，而是用坚强的意志忍受着这一切，即使被打得皮开肉绽，

也仍然不屈服。最后，他们只好把苏武送到北海边去放公羊。苏武在那里忍饥挨冻，这依然不能动摇他坚决不投降的决心。苏武忍饥挨冻近十年后，向匈奴投降的使者再次来劝说他投降，苏武仍然拒绝了。

也许是抵制住诱惑就等于抓住了机遇。苏武终于等到了黎明的到来。汉昭帝登位几年后，匈奴和汉达成和议，苏武终于回到了汉朝。回到长安的那天，长安人民都来迎接他，大家都说他是一个有气节的大丈夫。

苏武不愧为一个有气节的大丈夫，他用意志力真正地做到了“富贵不淫，贫贱不移，威武不屈”。假如苏武像卫律与李陵一样经受不住荣华富贵的诱惑，投降匈奴，那么他将跟他们一样遗臭万年，永远也无法获得世人的尊重与爱戴。

男子汉大丈夫，要真正地做到“富贵不能淫，贫贱不能移，威武不能屈”，那么你就必须练就坚强的意志力来抵制各种诱惑。

人生感悟：男人想抵制住诱惑，就必须练就坚强意志力，如果你没有坚强的毅力，抵制诱惑就成了一句叫不响的口号。用意志力抵制住诱惑，诱惑就脱去了它华丽的外衣，机遇也悄悄地出现在你面前，只要一伸手就可以抓住。成功也近在咫尺了。

9. 错过的是太阳，抓住的却不一定是月亮

泰戈尔说："如果错过太阳时你流泪，你也会错过群星。"这句话激励过很多男人积极乐观地面对失恋，不管忍受着多大的痛苦，他们都所向披靡勇往直前。不得不说，这句话确实很励志。

不过，如果这句话用在机遇与诱惑时，男人此时的"勇往直前"不仅不可能让你成功，还可能是你道路上的一条拦路虎。因为你错过的太阳正是机遇，抓住的月亮却可能是诱惑。因为机遇往往只敲一次门。曾经看过这样一则故事，我觉得它对那些积极抓住第二次机遇的男人很有启发。

一天，机遇之神见一个小村庄非常贫穷，那里的人们过得非常凄苦，机遇之神的善心油然而生。于是，在一个凄风冷雨的夜晚，机遇之神来到了这个村庄，想给贫苦的人们送来好机遇。她挨家挨户地去敲门，可是，没有一户人家给她开门。因为大家都在怀疑前来敲门的不是天使，而是魔鬼。机遇之神十分伤心，便离开了。第二天早上，当人们知道机遇之神曾来敲门时，都后悔不已。他们说："如

果错过太阳流泪了，那么我们就会错过月亮。振作起来吧，期待着月亮的到来。”

不料，他们的话被魔鬼听见了，第二天早上，门又响起来了。虽然敲门声远没有昨天晚上的温柔，充满善意，但人们因为太想抓住机遇，来不及思索，就打开了门。魔鬼朝他们露出了狰狞的面孔。紧接着，瘟疫开始迅速在这个村庄蔓延，人们后悔不已。

错过的是太阳，抓住的却不一定是月亮。男人应该越挫越勇没错，但是当你错过太阳时，你不必悲伤，应该积极乐观地面对未来，更应该作一番自我总结。竹子之所以能长那么高，就是因为它每长一点就作一次总结。男人更应该如此。只有总结出失败经验，才更容易向成功迈进。

可是，很多男人却像故事中的人们那样，一生就在忙碌奔跑中度过，来不及自我总结，迷失了自己，被诱惑乘虚而入。所以，男人请记住：如果你错过了太阳，别急，先作一番自我总结，再积极努力地为月亮的到来作准备。当机遇真的到来时，你就能抓住它。

人生感悟：机遇就像流星一样，往往瞬间即逝。男人必须面对这个事实，如果你错过了这次机遇，你不必懊恼，而应该停下来作一番自我总结，带着经验教训，以“松柏”的姿态全身心地迎接下一次机遇的到来。有了上次错失的经验，你将更容易抓住下一次机遇。

10. 清楚自己的方向，将诱惑拒之门外

一个男人只有清楚自己的人生方向，他才能抵制路途中出现的各种诱惑，所付出的努力才能获得丰厚回报；如果一个人不清楚自己的人生方向，他必定经受不起诱惑，因为他会把每一次诱惑都当作机遇，内心那座无价金矿，也终因不开采而与平凡的尘土一样。所以，想要将以机会面貌出现的诱惑拒之门外就必须清楚自己的人生方向。

穿越历史的风尘，我仿佛看见“中国航天之父”钱学森正在与诱惑、威胁抗争。钱学森早年就显露出杰出的科学才能，28 岁就成为世界知名的空气动力学家。声名鹊起的他虽然身在美国，心里却时刻挂念着自己的祖国，一直都打算学成归来为伟大的中华民族作贡献。

美国有关人员非常欣赏钱学森的才华，一直希望他能留在美国发展，并承诺将给他享不完的荣华富贵。然而，钱学森一心想要报效祖国，他毅然决然地拒绝了他们的要求。

美国人见诱惑不成，又威胁钱学森，并将他关进监狱。当时美国海军次长丹尼·金布尔对外声称：“钱学森无论走到

哪里，都抵得上5个师的兵力。我宁可把他击毙，也不能让他回到中国。”然而，钱学森却宁死不屈，即使失去了自由也仍然心念祖国。

也许是钱学森对祖国的忠诚感动了上天，周恩来总理想尽千方百计与美国交涉，最后不惜以11名美国飞行员作为交换的条件。钱学森终于经过重重阻力回到了祖国的怀抱。他不负人民所托，为新中国火箭、导弹和航天事业的发展作出杰出的贡献，成为我国著名的科学家。

是什么在召唤钱学森？是钱学森内心的爱国情怀。他十分清楚自己的身份——中国人，更清楚作为一名中国人应该为祖国作贡献。因此，不管荣华富贵的诱惑怎么按他的门铃，他义无反顾地选择了报效祖国的机遇。于是乎，他成功了，实现了他多年的导弹梦。

年轻的男人们，你是否像钱学森一样清楚自己的人生方向，是否正在努力冲破重重障碍，努力地实现自己的人生目标？答案如果是“是”，那么你终将拥有辉煌灿烂的人生。

人生感悟：当一个男人清楚自己的人生方向时，不管衣着华丽的诱惑如何按他的门铃，他都可以不去开门。因为他很清楚那不是自己想要的。一旦抵制住了诱惑，走向成功的机遇便出现了。抓住了机遇，他就到达了成功的彼岸。

11. 消除贪欲，诱惑就不能与机遇结伴而行

佛曰："生死疲劳，从贪欲起；少欲无为，身心自在。"是的，消除了贪欲，诱惑就不能与机会结伴而行，就不可能时时出现在追求机遇的男人周围。

也许很多男人会说，要做到无欲无私谈何容易，因为每个人都有贪的一面啊！不仅仅是男人。翻开历史的长卷，你就会发现有些高洁之士就做到了无欲无为，不仅过得潇洒自在，仕途更是扶摇直上。

曾经看过子罕以不贪为宝的故事深有感触。子罕是春秋时期宋国的一个司城，相当于现在主管城建的官员。有一次，宋国人得了一块宝玉，便拿去献给子罕说："我已经给做玉器的师父看过，他说这是一件宝物，我才敢献给您的。"

子罕不仅没有接收，还对献玉的人说："我把不贪心作为宝，你把宝玉作为宝。假如我收下你这块玉，我们岂不是都失去了自己的宝。所以，还不如各自留着各自的宝物好啊！"

把不贪心作为宝是子罕一生的个人作风，也许连他自己

都没想到，当他这句话传到宋国君王宋平公的耳朵时，宋平公被他的清廉深深折服。自此，子罕深受宋平公重视，最后位列六卿。

一个司城面对一块宝玉，毫不动心，视“不贪”为“宝”，实在难能可贵。正是他这种视“不贪”为宝的美德使诱惑不能与机遇结伴而行，最后成就了辉煌的人生。

我国历史上有很多著名的清官，比如，西门豹、赵广汉、狄仁杰、包拯、海瑞等，他们之所以能名留青史，就是因为他们消除了贪欲，切切实实地为老百姓谋福利。

所以，男人不要为自己的贪欲找借口，只要你认清贪欲的危害性，努力控制贪欲，那么就不会被贪欲所诱惑，机遇就能以真实的面貌出现在你的面前，微笑着等待你的拥抱。

人生感悟：但丁在《神曲》中说，贪欲煽动着人们，到后来却永远使人们受着酷刑。是的，诱惑不断地激发男人的贪欲，促使男人犯罪。男人只有消除贪欲，诱惑就不能以机遇的面貌出现在你的面前，你才能更容易分清机遇与诱惑，才更容易获得成功。

第七章

色情——羞答答的诱惑，色字头上架着一把刀

俗话说，人有七情六欲，而“色”又位列六欲之首。所以，色如食一样，是人类不灭的天性。可是，“色”又是一把双刃剑，它既快乐了人生，又使一些意志力薄弱的男人堕入万劫不复的深渊。“色字头上架着一把刀”，如果男人能够经受住色情的诱惑，那么社会就会少一些罪恶、多一些祥和，少一点浊流、多一点清泉。

1. 男人本色——十个男人九个色

大街上，很多男人都喜欢搂着自己女友走路，眼睛却时不时地注视着迎面走过来的美女；手机里，大多数男人都储存着各种各样的美女图片，夜深人静时独自欣赏；酒吧里，那些深夜未归的男人在烟雾缭绕中，醉眼蒙眬地挑选着自己的美女猎物……

种种现象都不由得让人惊呼：“十个男人九个色，还有一个是色盲。”纵观古今中外，多少英雄豪杰拜倒在美女的石榴裙下，多少帝王将相都因好色而亡国丧命。

“英雄难过美人关”，有几个男人能保证不为美女的娇艳倾倒，又有几个男人能经受得起美色的诱惑，“十个男人九个色，还有一个是色盲”，这句俗语虽然有一些过分，但是确实道出了男人骨子里的情色本性。所以，男人好色是男人的本性所决定的。这并不是凭空捏造，而是有一定的依据。

首先，大多数男人都是想象力比较丰富的视觉型人。他们身边虽然有佳人陪伴，却仍无法停止偷看其他美女、成人电影等强烈视觉刺激物。这是因为观看这些视觉刺激物能够让他们体验到白日梦般的感官刺激。

其次，男人随时都能发情，他们经常会有与性有关的想法或画面，而女人可能一天只会想一次。为什么会这样呢？这是因为男性大脑内与脑垂体相连的下丘脑视前区比女性要大整整1倍，而这个区域的功能是分泌荷尔蒙以及掌管性想法和性行为。所以，不管在哪里，即使男人并不喜欢对方，但也能引起性幻想。

最后，女人的视觉范围宽广，而男人的视觉范围狭窄。这导致男人的“看”让人觉得太过于明目张胆。

不过，好色是一回事，性出轨又是另一回事。大多数男人都能经受住色情的诱惑，控制自己的欲望，忠于爱情，守护家庭。

人生感悟：古人有言：“发乎情，止乎礼。”这句话是说有情有欲是人的本性，但也必须以“礼”相待。对现在的男人来说，男人承认自己好色，允许自己好色，但不能被色情所诱惑，必须学会为自己的行为负责任。

2. “色”字头上架着一把“刀”

把“色”字拆开来看，它是由“刀”+“巴”组成。所以，古人很早就告诉男人“色”字头上架着一把刀。既然是刀，势必有些凶狠，有些力道，给人带来伤害，甚至带来生命危险。不过，有些男人就不信邪，专往刀口上碰，结果碰得头破血流，后悔莫及。

2011 年 4 月 6 日，当时的意大利总理贝卢斯科尼涉嫌与未成年少女进行性交易以及滥用职权而被送上了法庭。他虽然没有出庭受审，但庭审也是十分引人关注的。虽然他极力为自己辩解，但“法网恢恢，疏而不漏”。意大利法院经过一系列的审查，最终判决贝卢斯科尼入狱七年，同时被终身禁止担任公职。

年过半百的贝卢斯科尼身为意大利总理，走到哪里都是耀眼的光环照耀着他。可是，他不为国家着想，却经不起色欲的诱惑，擅用职权与未成年少女进行性交易，不仅让自己成为“色情”的刀下魂，终身背着罪孽的包袱，还让整个意大利蒙了羞，并且还败坏了社会风气。真所谓是“害人害己”！

“色字头上一把刀”，不管男人名头有多大，官位有多高，腰包有多鼓，一旦跌进漂亮女人的怀里，总是免不了会栽跟头，正如网上流行的一首打油诗所描述的那样：“世人都晓名誉好，唯有美女忘不了。左拥右抱乐无边，一朝曝光麻烦了！”

所以，当你感觉自己经不起色情诱惑时，不妨想一下“色”这个字是怎么写的。如果你不愿“色字头上的这把‘刀’”伤着你，那么你最好远离色情，努力做正人君子。

人生感悟：有一句话说：“酒是穿肠毒药，色是刮骨钢刀。”那些经不起色情诱惑的男人，纵然没有犯大错，也会因为这把钢刀的锋利而深受切肤之痛。所以，男人对色情一定要保持一定的距离。

3. 色不迷人人自迷

“谁不知道罗马有个恺撒大帝，见到妖后就魂不附体，再加上倒霉的安东尼，都是色不迷人人自迷……只怕你老是三心二意，就变成色不迷人人自迷。”静静地听着电影《色不迷人人自迷》主题曲，脑海中不由自主地闪现着这部电影的剧情。

剧中男主角麦贤厚的行为就像主题曲所唱的那样见到妖后就魂不附体，好色成瘾的他到处拈花惹草。一次偶然的机会，他爱上了美女李菲菲，便想尽办法与自己温柔善良的妻子离婚，最后没离成而被气晕倒，在妻子的温暖呵护下醒了过来。当他得知李菲菲将与自己的好朋友程宏结婚时，他万分难过而幡然醒悟，妻子才是真正爱自己的人，自己应该珍惜爱护妻子。

在电影的末尾，麦贤厚一直想不通自己为什么总是看到美女没穿衣服。老医生给了一个精辟的答案："眼通脑，脑通心，心不正，就会胡思乱想，想得多了，就好像眼睛看见什么似的。"

老医生这一句话点出了很多男人经不起色情诱惑的真正原因，不是你经不起诱惑，而是因为心术不正而胡思乱想，结果想多了大脑就不由自己控制，自然就被色情诱惑了。这部电影看完虽然觉得有些啼笑皆非，但它却将男人"好色"的本性展现得淋漓尽致。

佛家有语："色不迷人人自迷，情不伤人人自伤。"如果一个男人不加强自身修养，整天胡思乱想，那么终将被色情所诱惑。

人生感悟：“色不迷人人自迷”指的是色本身不迷人，因人喜欢而具有诱惑力。倘若你加强自我修养，远离色情，那么你自然就不会被色情所诱惑；倘若你心术不正，终日胡思乱想，那么终会被色情所诱惑。

4. 色即是空，空即是色

“色即是空，空即是色”是一句佛家语。这句话高深难解，连一些遁入空门的僧人也没真正参悟透它所表达的意思。

看过《色戒》的男人都知道此故事讲的是一个追求欲望的和尚达世与俗世女子琶玛之间的爱情故事。和尚达世本来早已舍弃世间一切羁绊，但琶玛的挑逗犹如电击般地触发了他原始的欲望。他终究抵不过情色诱惑，决定脱去袈裟入世修行，向心目中那个诱惑女神奔去。然而，色戒一破，一个欲望满足之后，接着便是千百个欲望的泛滥。

当达世满足了自己所有的欲望，经历了凡人所经历的所有事情之后，他突然领悟了“色即是空，空即是色”的真正意味，终于还是遁入空门继续修行。

故事中的达世终是顿悟了，但是现实生活中的很多男人却没有参悟透“色即是空，空即是色”的意义。他们穷极一生，挣扎在“色情”与“道德”之间，苦不堪言。

“色即是空，空即是色。”世界万物本没有永恒，一切都将灰飞烟灭，色情更是如此。所以，男人完全没有必要为色情起执情，而使自己身心不自在。

也许有人说，僧人尚经不起色情诱惑，对色情起执情，何况凡夫俗子，自然是恋色恋空。其实，万事万物皆为空，弃与不弃都是空的。也许有些男人只有等到赤手空拳离去的那一刻，才能真正领悟这个道理！早些放下，早些获得幸福美满的人生。

人生感悟：“色即是空，空即是色。”男人只有淡泊色情，才能抵制色情的诱惑，身心才能自在，才能获得幸福美满的人生。否则，终身将被色情所累，甚至被色情一步一步地带进地狱之门。

5. 男人色胆包天必自毙

大家都知道男人好色是本色，不过，有些男人是有色心无色胆，而有些男人则是色胆包天。有一句话说："物极必反。"当一个男人色胆包天超过一定限度时，他就会为自己的"色"而付出沉重的代价，甚至可能毁了自己。

乔桥是一名大学毕业生，他被一家大型公司录取。这对乔桥来说是一个很好的机遇，公司有很大的发展空间。可是，乔桥却偏偏看上了公司的人事经理晓芬。虽然他明知道晓芬是有家事的人，但是他仍然穷追不舍。因为他觉得晓芬实在是长得太漂亮了，三十多岁的女人风韵犹存，浑身上下散发出成熟的味道。

有一段时间，晓芬工作很忙，几乎每天下班后都要加班，并且加到很晚。有一天下班后，乔桥发现晓芬加班加到很晚，便假装给她送点心。

晓芬觉得他一片好心，就没太在意，一边吃着点心，一边埋头工作。让晓芬没想到的是，她吃了点心以后，感觉头晕沉沉的。随后就什么也不知道了。

第二天早上，太阳透过阳光缓缓地洒在晓芬身上，晓芬努力睁开朦胧的睡眼。眼前的一切让她傻眼了，这不是自己家，而是一家宾馆。就在她疑惑不解时，睡在旁边的这个男人映入她的眼帘，她吓了一大跳，哭着跑进了浴室，并关上了门。

乔桥知道事情败露，再三请求她原谅自己的所作所为，但晓芬依然打了报警电话。

不一会儿时间，门铃响了起来。乔桥一打开门，警察就将冰冷的手铐拷在他的手上。乔桥望了望晓芬，眼里流露出后悔的神情。可是，一切都来不及了。

男人色胆包天必自毙，乔桥确实是色胆包天，结果不仅断送了自己的前程，还毁了他人的幸福。

人生感悟：色会使人失去理智。当一个男人贪恋淫欲胆量很大时，那么他就会沦为色的奴隶，极有可能做出毁灭自我的事情。男人色胆包天必自毙，所以，男人必须加强自身修养，用定力抵制诱惑，随时保持清醒的头脑。

6. 一夜情，刺激之后的刺痛

“我和你睡了一次觉……当时最重要，以后再想它就会变成毒药……那只是一夜情，根本不叫情……那只是一场梦，没有责任的放纵，你若当了真，心就会痛，所以在我走的时候没有把你叫醒……”

坐在电脑旁，一遍又一遍地听着这首歌曲，有些许感触，又有些许不解。有感触的是这首歌竟然将一夜情男女的心理描绘得如此地淋漓尽致，不解的是现在的年轻人都怎么了，性泛滥到如此地步。

第一次听说“一夜情”是无意中在一个贴吧里看到的，那是一个男人悔恨的自白。我依稀记得那个男人说自己某天晚上在聊天室里聊天，认识了一个网名叫“温柔的床”的女孩，他们在同一城市，并相距不远。

两人像多年未见的老朋友，聊工作，聊生活，聊爱情，最后聊到了“一夜情”。那个女孩直白而大胆地邀请他见面，他有过犹豫，因为他女友出差了，再过几天就回来了，他不想对不起女友。当他正想拒绝时，那个女孩却非常露骨地说她很寂寞。他瞬间热血沸腾，立即打着出租车来到了他们约定地点。

两人见面，没有想象中的温馨与浪漫，而是直接去了一家宾馆。她洗过澡之后，用浴巾裹着曼妙的身材躺进了被窝，而他则走进了浴室。水像雨点一样拍打在他身上，他快速洗过之后，就躺上了另一张床。两颗蠢蠢欲动的心在静谧的夜空像小鹿一样乱撞，在他紧张不安时，她则来到了他的被窝，他顺势将她搂进了怀里，狂热地亲吻着彼此。尽管他的手机一次又一次地响起，但这丝毫不能影响他。

第二天早上，在手机的呼唤下，他惊醒了。他接起电话，是女友，女友问他在哪里，他说在家里。那头便挂断了电话。他环顾房间，发现她早已离去，房间里还留着她淡淡的味道。

“人生，没有不散的筵席。华丽的开场后，也许是尴尬的落幕。”他独自想到。

他打车回到了家，一进门就看见女友坐在沙发上。他想解释什么，但女友只是提起箱子，头也不回地走了出去。他想大声叫住女友，但沙哑的喉咙发不出一丝声音；他想一把拉住女友，可是，他麻木的双腿立在了原地。就这样，他失去了谈了三年恋爱的女友。

望着女友离去的背影，他自己也不清楚自己是在寻找刺激，还是经不起诱惑。

一夜情，游戏的时间只到天明。可是，很多寂寞的男男女女遵守着游戏规则，放纵自己。一夜情让人销魂，可是销魂过后带来的后果却让人痛苦，甚至可能痛苦一辈子。

在这个充满诱惑的社会，多少男人因为把持不住自己而迷恋上一夜情，错失真爱，错失一辈子的幸福。

人生感悟：男人，在你经不起诱惑，开始玩一夜情时，你想一想它可能给你带来的痛苦。凡事三思而后行，不管时代怎么变迁，你都应该坚守心中的那一方净土，都应该坚持自己的人生原则，清清白白地度过人生的每一个时刻。

7. 你能否成为新时代的柳下惠？

柳下惠坐怀不乱的故事家喻户晓，也许有些男人会嗤之以鼻。他们会说，不是柳下惠对美女无动于衷，而是社会“造就”了他。而在当今社会，有哪个男人还能像柳下惠那样做到“坐怀不乱”？

试想一下，假如你像柳下惠那样，在一个寒风凛凛的冬夜，碰到一个弱女子且衣着单薄，被冻得瑟瑟发抖，你实在看不下去了，然后你很有“义气”地将她裹在你的大衣里坐在一个角落一整夜……你能呼吸均匀、无动于衷吗？也许她在离你一米远的地方坐着，她身上散发出的特有气息，都能够把你那点可怜的意志击垮。

那这么说，当今社会就没有像柳下惠这样的正人君子了？其实不然。尽管当下有各种各样的色情诱惑，但仍然有很多好男人固守着他们内心的美好。他们也许并不能像柳下惠那样做到“坐怀不乱”，但他们可以离美女远远的，不给任何美女坐怀的机会。

马英九就是新时代柳下惠式好男人的代表。他曾说：

“我不是柳下惠，美女坐怀我还是会乱，所以唯一能做的，是不给任何美女有坐怀的机会。”或许这就是马英九身边美女如云，却从未传出任何花边新闻或是男女绯闻的秘诀。

马英九这句话让很多男人醍醐灌顶，他们也很羡慕柳下惠式的好男人。因为每个男人都希望自己被标榜“好男人”，每一个男人都希望家庭幸福，每一个人男人都不愿成为道德的背叛者，更不愿遭受良心的谴责……

在这个“谈性色不变”的时代，很多男人没美女“坐怀”还“乱”之，何况还有美女“诱”之？虽然他们也赞赏柳下惠式的好男人，但他们终是经受不住色情诱惑。

所以，新时代的柳下惠不要求男人对美女毫无感觉，而要求他加强自制力，不给任何美女能坐怀的机会，甚至不给美女接近自己的机会。如此一来，他就成为新时代的柳下惠。

人生感悟：面对色情引诱，男人不要挑战自己抵制诱惑的能力，而应选择远离，不给任何美女接近自己的机会，这就斩断了任何暧昧的可能。斩断了暧昧，就抵制了色情诱惑，就离幸福近了一大步。

8. 修身养性，抵制情色诱惑

男人好色是男人的本性，人的潜意识中都有追求新鲜与情色刺激的欲望。这是男人作为凡人的致命弱点。不过，我们作为人，是可以克服本身弱点的。因为我们有思想，有理性，能够控制自身行为。所以，男人抵御情色诱惑也许有一定的难度，但绝不是不可能的。

相信很多男人都看过《西游记》吧！《西游记》中的唐僧在去西天取经的途中，多次被年轻貌美的妖精喜欢并想跟他颠鸾倒凤，比如，玉兔、狐狸精等。面对风姿绰约的美女，唐僧都毅然决然地拒绝了。但是，在面对女儿国那美丽多情温柔国王的深情厚谊时，唐僧几乎就要道心崩溃。恰在这时，女蝎子精却将他抢跑了。假如没有这个插曲，也许女儿国的名字就要改写了，但唐僧最终放弃了女儿国国王，再次踏上了取经的征途，成功地抵制住了情色诱惑。

由此可知，情色诱惑的确是一道难以迈过去的坎，但“难”并不等于“不能”，关键看你是否努力过，或者说你是否愿意主动放弃骨子里的本能诱惑。如果你努力了，就一定能做到。那么男人应该如何抵制情色诱惑呢？

从最原始的本能甚至自然定律来看，人其实都是倾向于懒散、放任、好色、享受，但男人毕竟是人，他的每一步成长都是蜕去这些动物本能的过程。当一个男人成熟以后，他就明白不能贪图享乐，更不能沉迷于色情。不管是思想，还是身体，他都会竭力控制自己。所以，男人想成功抵御情色诱惑，首先就要在思想上成为一个正人君子，因为思想指导行为。一个男人只有端正了思想，才能真正地控制自己的行为，才能真正地抵制住色情诱惑。

人生感悟：存在决定意识，思想指导行动。男人，成功抵制情色诱惑并没有你想象中的那么难，只要你愿意静下心来反思，愿意跟自己作思想斗争，真正地端正思想，规范自身行为，那么就能成功抵制情色诱惑。

9. 慎独慎微，抵制情色诱惑

说到抵制情色诱惑，很多男人不由地问道：到底应该如何抵制情色诱惑？具体来说，抵制情色诱惑就需要男人从小的方面做起，比如，控制自己不看A片，不看一些污秽文字，不浏览一些黄色网站等。

可是，有些男人却认为这些都是小事。他们虽然口口声声宣称要抵制情色诱惑，坚决不做那些荒唐的事情，背地里却偷偷地读一些污秽文字，浏览一些黄色网站等。这些坏事确实很小，可是，坏事虽然小，但积少成多，也会坏大事。

前段时间在网上看到这样一则报道，有一个男人竟以拉客为由将安徽女孩强行带到地窖内，用锁链锁住。他脱掉女孩的衣服，并以死亡、拍裸照威胁，对女孩进行多次强奸。11天后，女孩用指甲刀磨断锁链获救。

在这个男人被抓起来以后，他坦言他唯一的爱好就是看网络小说。虽然他也后悔，但错误已犯，后悔也来不及了！

阅读暴力与色情小说，只是做了一件很小的坏事。

刘备在临终时曾这样告诫儿子刘禅："勿以恶小而为之。"所以，男人在抵制情色诱惑时，千万不要纵容自己去做一些看似很小的坏事。这些坏事虽然小，但也可能让你经不住情色诱惑，最终走上犯罪道路。

人生感悟：坏事虽然很小，但我们不能因为坏事小而纵容自己，而应该做到防微杜渐。因为，坏事虽然小，但积少成多，终有一天会给你带来无法忍受的痛苦。只有拒绝做很小的坏事，你才能真正地抵制情色诱惑。

10. 远离色情，不允许自己犯原则性错误

有一句话说：“人非圣贤，孰能无过。”很多男人都会为自己辩解，说我们都是凡夫俗子难免会犯错。其实，犯错并不可怕，而且人往往在错误中成长。所以，人可以犯错，但不可以犯原则性错误。

然而，有些男人在犯原则性错误，因为经不起色情诱惑，但又害怕受到良心的谴责，便安慰自己：只允许自己犯这一次错误，再也不能犯第二次。事实上，有了第一次就有第二次。

李飞有一次跟同事一起去酒吧玩。酒过三巡，同事建议找小姐来陪陪。他默不作声，同事算他默认了。因此，叫了两个小姐来。

同事与那个小姐聊了一会儿，便不约而同地走向一个包间。李飞是一个比较有修养的人，望着眼前的小姐，那妩媚动人的眼神，那火辣辣的身材，那呼之欲出的丰乳，无不牵动着他的每一根神经，他的心蠢蠢欲动，但他努力地控制自己。可是，到了最后关头，他还是忍不住了，便告诉自己：我

只犯这一次错误，坚决不允许自己再犯第二次。因此，他搂着那位小姐的腰走进了包房。

然而，李飞尝到了偷腥的滋味，接着又犯了第二次错。慢慢地，找小姐就成了他经常做的事。后来，他的行为被老婆发现了，老婆毫不犹豫地选择跟他离婚。此时，他后悔莫及！

男人，要远离色情，就不能允许自己犯一次错。否则，一旦经不住诱惑，像《色戒》中的达世一旦破戒，就会像江河决堤，一发不可收拾，不仅让自己身陷其中，不能自拔，还毁了家庭的幸福。

人生感悟：一个男人一次经不住色情诱惑，那么第二次也会经不住色情诱惑，最后陷入色情不能自拔。所以，男人应坚决远离色情，不能允许自己犯一次错误。否则，一次之后，犯错就会如涛涛江水，一发而不可收拾。

11.成功抵制色情，取决于你能否再坚持一下

曾看过一则传说，这则传说讲的是西西里岛附近海域有一座塞壬岛，那里有一个长着鹰翅的塞壬女妖，这个女妖长

得妩媚动人，并且日夜还唱着美妙的魔歌，引诱过往的船只靠岸。

古时候，那些长年在大海上航行的人大多是寂寞难耐的，他们往往抵不住女妖的诱惑而丧命。

特洛伊英雄奥德修斯早听说了这个女妖，为了不让士兵被女妖的歌声所诱惑，用蜡将士兵的耳朵封了起来，而他自己却没有塞住耳朵，他想听听女妖的声音到底有多美，但他坚信自己一定能抵制住诱惑。但以防万一，他还是让士兵们把他绑在桅杆上。

当船行到塞壬岛时，一个长得风情万种的女妖翩翩而来，婉转跌宕、如莺歌燕啼之声也随之传进他的耳朵，他心中顿时燃起熊熊欲火。他一遍又一遍地告诫自己，千万不能过去，一定要抵制住诱惑。然而，当他看到女妖那充满柔情的双眼，他的意志有些涣散，但他仍然告诉自己坚持住。眼看就要顺利行过此地时，他实在忍不住，大声喊着让同伴们放他下来。同伴看到了他的挣扎，知道他正遭受着诱惑的煎熬，于是上前把他绑得更紧。

没过一会儿时间，他们就顺利通过了女妖居住的地方。事后，特洛伊英雄奥德修斯沮丧地说道："如果我再坚持一会儿就好了！"

生活中的很多男人都曾发出这样的感叹："如果我再坚持一会儿就不会被色情所诱惑，就不会成为色情诱惑的俘虏，就不会是今天这样的结局。"人生没有后悔药，所以，当你面对色情诱惑时，就鼓励自己，再坚持一下，再坚持一下。也许这一秒的坚持就换来了这一生的幸福。

人生感悟：对男人来说，能不能取得成功，取决于你再坚持一下。同理，能不能成功抵制色情诱惑，也取决于你能否再坚持一下。坚持到最后，你就成功地战胜了色情诱惑。否则，你将半途而废。

第八章

爱情——美滋滋的诱惑，见异思迁会错失真爱

有一位诗人曾说，爱情是一种纯度，经不起诱惑的人，永远得不到真正的爱情。对于男人来说，女人真正爱他的心就是他这一生中最珍贵的财富。如果男人珍惜爱情，抵制诱惑，那么他就收获了一生的幸福。相反，如果男人经不起诱惑，见异思迁，那么终会与真爱擦肩而过。

1. 男人如蝶，总喜欢拈花惹草

清末怪杰辜鸿铭曾将男人比喻成茶壶，女人比喻成茶杯，一个茶壶需要配四个茶杯。也有人将男人比喻成一只穿梭在花丛中的蝴蝶，它们不停地从一朵花飞往另一朵，忙着采蜜……

自古以来，男人总爱拈花惹草。皇帝有“三宫六院七十二嫔妃”，臣子有三妻四妾，这都是对男人喜欢拈花惹草的诠释。从某种程度来讲，男人喜欢拈花惹草是其本性与几千年的传统因素所决定的。

男人的这种本性在自然界也能看到。大多数生物都是靠雄性动物与多个雌性动物交配来繁衍后代。所以，我们经常看到，一些雄性动物为了争夺雌性动物往往会与同伴展开殊死搏斗。比如生活在南极的海豹，那些强壮的雄性可以占有一群海豹中的全部雌性。

“喜欢拈花惹草”是男人的本性，但这并不代表男人就可以为所欲为。在这个“一夫一妻”制年代，在这个“真爱无价”的年代，男人更需要珍惜爱情，呵护婚姻。

尽管大多数女人都知道男人喜欢拈花惹草的本性，但她们仍然相信世界上有真爱，渴望那个爱自己的男人会珍惜自己，爱护自己。

一代歌后邓丽君代表众多女性，用温柔婉转的歌声表达出她们的心思，她曾唱道：

送你送到小村外

有句话儿要交代

虽然已经是百花开

路边的野花 你不要采

记着我的情记着我的爱

……

我在等着你回来

千万不要把我来忘怀

邓丽君虽然早已不在人世，但她温柔婉转的声音却永远提示着世界上的每一个男人“路边的野花不要采”，好好地呵护那个等你归来的妻子，不要把她们来忘怀。

在这个物欲横流而爱情在夹缝中求生的年代，作为男人，应该好好珍惜那个爱你的女人，好好呵护这一份来之不易的爱情。如果你经不起诱惑，总是拈花惹草，让爱你的女人伤心，那么她终将离你而去。

人生感悟：“路边的野花不要采！”男人收起你那颗喜欢招蜂引蝶的心，用坚强的意志力抵制各种诱惑，好好地珍惜爱情，呵护婚姻。只有这样，你才能收获一生的幸福。

2. 最美的爱情从拒绝诱惑开始

王菲：

因为爱情 不会轻易悲伤

陈奕迅：

所以一切都是幸福的模样

王菲：

因为爱情 简单的生长

陈奕迅：

依然随时可以为你疯狂

王菲：

因为爱情 怎么会有沧桑

陈奕迅：

所以我们还是年轻的模样

……

王菲与陈奕迅联袂演唱了《因为爱情》这首歌，他们用歌声告诉我们爱情是人生永恒的情感。那么爱情到底是什么呢？

泰戈尔说：眼睛为她下着雨，心却为她打着伞，这就是爱情；徐志摩在诗里写道：爱像水墨青花，何惧刹那芳华；张小娴说：爱，就是永无止境的思念，是永远放不下的牵挂，是心甘情愿的牵绊……

其实，爱情是长在男人心里的藤蔓，让男人魂牵梦绕；爱情又像一只蝴蝶，飞到哪里，就把欢乐带到哪里……生命如花，爱情是蜜。爱情浇灌着男人的生命之花，让它开得更加鲜艳夺目。所以，男人的人生需要最美的爱情。

可是，爱情往往转瞬即逝。如果一个男人经不住诱惑，不珍惜爱情，那么爱情将离他而去。因为最美的爱情往往从拒绝诱惑开始。

有一个男人相亲认识了现在的女友，两人交谈融洽，正张罗着准备结婚。在结婚前一个月，一个漂亮且多情的女子出现在他的生活中，她对他百般挑逗。然而，不管她做什么，他似乎都无动于衷。自然，他与女友顺利走进了婚姻。

在结婚当天，那个诱惑他的漂亮女子也出现在婚礼上。新娘介绍道："她是我最好的朋友。"而她则给了他一个意味深长的微笑。他似乎明白了什么。

婚后他们过得很幸福。闲来无事，他曾问妻子："你什么时候爱上我的？"妻子回答道："在你拒绝诱惑的那一刻，我就爱上了你。"

最美的爱情从拒绝诱惑开始，如果一个男人经受不住诱惑，那么就不可能拥有美丽的爱情。

人生感悟：爱情往往与拒绝同时出现在一个男人的生活里，当你拒绝了诱惑，爱情就会像天使一样，微笑着走向你，收获了爱情，也就收获了幸福；如果你经不起诱惑，爱情就会转身离开，你将从此与真爱无缘，也与幸福擦肩而过。

3. 见异思迁终会与真爱擦肩而过

真爱像一个端庄优雅的天使，撩着裙摆轻轻地来到男人身边。当男人将她拥入怀中，眼睛却东张西望，不好好珍惜她时，她流着眼泪、带着受伤的心悄悄地离去。

张安与兰倩相恋五年。大学毕业后，张安去了大城市发展，而兰倩则听从父母的安排，留在了家乡发展。临走时，张安信誓旦旦地说道："等我在那里站稳了脚跟，我立即回来接你。"

兰倩点了点头，泪眼朦胧地望着张安离去的背影。她久久地站在哪里，张安的身影越来越模糊，直到消失不见。

刚开始，他们像所有离别的恋人那样频繁地发信息、打电话。可是，慢慢地，张安的短信越来越少。

兰倩终于忍不住，请了几天假坐着列车来到了张安所在的城市。在她推开房门的那一刹那，她惊呆了。一个裹着浴巾、头发湿湿的女人站在了她面前，她还没反应过来时，张安也光着上半身出现在她的视野中。她无论如何也敢不相信眼前的事实，她用一双幽怨的眼神直直地看着张安，然后转身离去。

原来，张安来到大城市以后，一见到他们老板的女儿晓菲就迷上了她。然后便展开疯狂的追求。在他强烈的进攻下，晓菲成了他的女友。于是就有了兰倩见到的那一幕。

兰倩回去以后，换了手机号码，把张安的所有东西都寄给了他，彻底消失在张安的视野中。

没过多久，张安也失恋了。他的女友也喜欢上了一个有钱有势的男人，两人也宣告结束。张安难过之际，想起了那个纯净、总是带着微笑的兰倩。他一遍又一遍地拨着她的电话，而电话那头始终提示着："对不起，你拨打的电话已停机。"

放下电话，张安泪眼朦胧地望着天花板。后来，他再也没有遇见像兰倩那样的女子。

爱情像一朵开得娇艳欲滴的花朵，而见异思迁则像从天而降的大雨。如果一个男人经不起诱惑，那么倾盆而泻的大雨瞬间就会浇灭爱情这朵花。所以，男人请用心地爱护爱情这朵花，让它结果扎根。

人生感悟：爱情需要专一，这里所说的专一不是指男人这一生只爱一个女人，而是指男人在每一段感情中，都只爱对方，不要朝三暮四。见异思迁终会让男人与真爱擦肩而过。男人，爱，请深爱。不要等到失去以后才后悔莫及。

4. 别错失你的第二颗纽扣

男人，你是否也渴望生命中有一个女人陪你一起经历风风雨雨，看花开花落，品细水长流？答案是肯定的。可是，很多男人因为经不起诱惑，错失了那个与你一起经历风雨的女人。

他是一个“空中飞人”，也是一个出了名的高富帅，更是一个名副其实的情场浪子。在他看来，这个世界上并没有相守到老的爱情，爱情不过是两人各取所需罢了！

因此，每到一座城市，他总会找一些女子来打发寂寞时光。等到离别时，他就欺骗对方说，你是我最爱的女人，但我工作太忙了，等我不忙的时候一定回来找你。大多数人都知道这意味着什么，一番大吵大闹后，就拿些钱财或首饰平息怨恨。

可是，唯独有一个女人却不一样。在送他上飞机时，她什么也没要求，只是默默地凝视着他，低声而固执地说，请给我你衬衣上的第二颗纽扣。他很惊讶于她的要求如此卑微与奇特，他从不拒绝女人提出的任何要求，于是就剪下第二颗纽扣，连同一颗钻戒一起交到她的手心。

让他更加意外的是，这个女子轻轻地推开了钻戒，然后静静地站在了那里。在他过安检时，他回头看见她满脸泪水。他怎么也想不通眼前这个女子为什么只需要他一颗普通纽扣。

很快，他又回到了从前的生活，与各式各样的女子有染。一番温存后，再离开。离开时，对方都会提各种各样的要求，有的要房子，有的要存有现金的银行卡，有的要他帮忙安排一份轻松而又高薪的工作……唯独没有哪个女子再想要他衬衣上的第二颗纽扣。

转眼，他已 30 多岁了。在母亲的逼迫下，他找了一个门当户对的白富美，过着徒有虚名的婚姻生活。

有一天，妻子在整理衣柜时，发现了那件缺了第二颗纽扣的衬衣。她大吵大闹地逼问谁是他的心上人，问得他一头雾水。后来，他才知道第二颗纽扣是送给情人的最好礼物，因为它占据胸口的位置。

他恍然大悟，连夜坐上飞机回到了那座小城镇，叩响她的门，发现她的脖子上挂着一根红绳，而坠子就是他的那颗普通纽扣。那一刻，泪水悄悄地滑出了他的眼眶。

男人，请珍惜那个将你放在心上的女子，她的爱无怨无悔，不要等失去以后才后悔不已。

人生感悟：茫茫人海中，有一个女人无怨无悔地把一个男人放在胸口的位置。可是，这个男人却因为经不起诱惑，玩弄感情，最终错失这段美好的幸福。所以，男人，别错失你的第二颗纽扣，如果遇到了一定要好好珍惜。

5. 玩弄爱情，终会被爱情所玩弄

有些男人在爱情面前，从不会付出真心，更多的是像蝴蝶一样，在众多花朵上来回飞舞。

沈白冰就是这样一个男人。他一直周旋在多个女人间，用金钱与甜言蜜语将她们哄得团团转。即使有的女子发现他脚踏多条船，但经不起他的甜言蜜语，她们都默认了。

直到他认识了一个外表柔弱而内心刚强的女子。有一次，沈白冰出差，在分公司邂逅了她。清纯、可爱、天真无邪，像一朵含苞待放的花儿，让人不忍心去碰触。他看中的女子，没有一个能逃脱他的魔掌。他成功地将她拥入了怀中。

半年的相聚后便是匆忙的离别。在离别的那一刻，沈白冰说，等我，我一定回来接你，我爱你。

她傻傻地将沈白冰所说的每一句话都当真，傻傻地以为他就是她的白马王子。两个月后，她不顾父母的反对，抛弃工作，不惜离乡背井，毅然决然地踏上了去他那座城市的火车。

下了火车，她直奔他的公司。刚到楼下，她看见一个熟悉的身影搂着一个极其妩媚的女子嬉笑，那场景就像他们的曾经。她的心跳，慢了半拍，她直视着他，眼泪在眼眶里打转。那种忧郁，那种愤怒直刺他的心房，他的心颤动了一下。她什么也没说，转过身跑开了。他望着她远去的背影，突然想起了曾经的种种。后来，她那怨恨的眼神时不时地出现在沈白冰的梦中。沈白冰忍不住再次拨通了她的电话，在电话里用各种甜言蜜语向她解释，而她只是淡淡地说了一句："我不允许我的爱情掺进任何杂质，因为我知道玩弄爱情终会被爱情所玩弄。"说完就挂断了电话。她这句话久久地回荡在他耳旁，醍醐灌顶。他终于谢绝了身边所有的女子，不顾一切地飞往她所在的城市。

不料，她回去以后，听从了父母的安排，嫁给了一个很疼她、很爱她的男人，小日子过得幸福而美满。沈白冰望着她脸上幸福的微笑，一种涩涩的感觉涌上了心头。

玩弄爱情的男人最终只会被爱情所玩弄。爱情掺不进任何杂质，更不会与虚假同步。如果一个男人不能固守纯洁美好的爱情，经受不住诱惑，那么终将被爱情所抛弃。

人生感悟：玩弄爱情终会被爱情所玩弄。男人，如果你想拥有一个幸福的家庭，想拥有一个相扶相伴的老伴，那么请拒绝玩弄爱情，用你的真心去对待爱你的女人，一起携手面对生活的风风雨雨，一起慢慢变老。

6. 有了爱情，就别去碰暧昧

“爱”和“暧”虽然同音，但意义却相去甚远。相爱的人可以相守一生，而互相暧昧的人却随时可以结束。

也许是暧昧不用负太多责任的原因吧，很多男人不满足于一份纯洁的爱情，以一颗不安分的心寻找着可以不再孤独的安身之所——与多人玩暧昧。

张雨枫对此深有感触。他本来有一个青梅竹马的女朋友，也许是因为在一起时间太长了，爱情也变得平淡如水。张雨枫无法忍受这种平淡，时不时地跟一些女子玩暧昧，似乎是为了给爱情添加一些色彩。有时跟公司的女同事打情骂俏，有时候跟网友谈情说爱……即使当着女友的面，他也毫无顾忌。尽管女友多次劝说，他只说他不过是玩玩而已。

终于有一天，张雨枫发现桌子上留着一张纸条，他拿起来一看，上面写着："我的爱情容不下一丁点的欺骗和虚伪，更容不下暧昧。所以，我选择了离开，结束我们长达 8 年的爱情。最后一次嘱咐你：晚上睡觉时一定要盖好被子；你的胃不好，少吃辣椒；不要在电脑上玩太久，最好 11 点之前睡觉……"

张雨枫看着这张纸条，脑海里不时地浮现出她忙碌的身影，他急忙拨打她的电话。可是，电话那头一遍又一遍地提示："你所拨打的电话已关机。"他一屁股坐在了沙发上，把头埋进了两腿间，低声哭泣。

爱是伟大的，是无怨无悔的付出，是奋不顾身的牺牲。可爱也是自私的，任何人都不能接受与他人分享自己的爱，任何一个女人都无法容忍她深爱的男人跟别的女人玩暧昧。

所以，男人，如果你拥有了爱情，那么就不要去和别的女人玩暧昧，这不仅伤了你的爱人，伤了其他人，还伤了你们得之不易的爱情。暧昧只是填补了内心一时的空虚，不可能长久，只有真爱会陪你到永远。男人请记住：有了爱情，就不要去碰暧昧。

人生感悟：暧昧是糖，甜到忧伤；爱情很淡，平淡似水。然而，不管暧昧有多么甜蜜，它永远都是暧昧，永远都没有爱情重要。在这个爱情弥足珍贵的年代，男人对来之不易的爱情要从一而终，有了爱情就不要去碰暧昧，别让暧昧毁了你的爱情。

7. 弱水三千，只取一瓢饮

苍曰：秾华空瘦，为谁灯下研墨，三千青丝，点墨成痴，弱水三千，为谁迢迢横渡，独取一瓢饮……贾宝玉也曾对林黛玉说："任凭弱水三千，我只取一瓢饮。"然而，很多男人总认为前面会有更美的风景，来不及欣赏眼前的风景，就匆匆前进。

一个很帅气的男孩爱上了一个漂亮的女孩，女孩也很喜欢他。因此，两人很自然地开始了恋爱。

女孩喜欢男孩的帅气与体贴，她希望跟男孩相守终生。可是，男孩却拒绝说："我不想谈一次恋爱就结婚。"女孩很清楚，男孩是想遇到比她更好的女孩子，她什么也没说，流着眼泪转身离开了。

女孩离开男孩以后，很努力地学习、工作。一年后，她成了一名优雅的白领，追他的男人排成了长队。她选择了一个高富帅，结婚了。

婚礼上，从前那个男孩来参加她的婚礼，他红着眼睛说："如果有来世，我会像贾宝玉那样对你说：'任凭弱水三千，我只取一瓢饮。'" 而她只是微微笑了笑。

芸芸众生，乱花迷眼。沧海桑田，几多变迁后，多少人为故人饮泣，多少人为旧景唏嘘，多少人感怀伤时……

男人这一生中会遇到很多美好的东西，但只要用心去好好把握住其中的一样就足够了。这样，你的人生就会过得幸福而快乐。相反，如果你想拥有所有美好的东西，那么最终你一样也得不到。

弱水有三千，只需取一瓢饮。男人追求爱情是越单纯越幸福！假如男人这一生能只谈一次恋爱就结婚了，那么最好就不要谈两次恋爱。因为有一天，你会发现经历的爱情多了，你就麻木了；分离多了，你就习惯了；换了很多女人后，你比来比去，发现她们大同小异。最后，你终于不再相信爱情。

"十年修得同船渡，百年修得共枕眠"，任何一段感情都来之不易。爱情需要两个人去呵护，去守护。所以，男人珍惜眼前人吧，不要抱着"骑牛找马"的心态去恋爱，那样只会伤人伤己伤感情！

人生感悟： "弱水三千，只取一瓢饮"，爱情确实需要这样专注的信念。一个男人只有专心地爱对方，他才能收获美好的爱情，才能收获幸福的人生。如果他整天眺望远方的风景，经不起远方风景的诱惑，他最终会错失眼前的美好。

8. 放弃也是一种美

毫无疑问，每一份感情都很美，每一个陪男人走过那段青葱岁月的女人同样很美，美得让男人心碎，美得让男人不忍心放弃。

也许是因为男人天生是一种怀旧的动物，他们比女人更难走出失恋的阴影，常常借此买醉。可是，一个男人放不下过去，就走不进未来。

记得曾经看到这样一个爱情故事：男孩和女孩相爱了，可是男孩家里很穷，女孩的父母极力反对他们在一起，并想尽各种办法拆散他们，并将女孩许配一个他们自认为门当户对的男人。女孩承受不起来自父母的压力，最终答应嫁给那个自己不爱的男人。

男孩伤心极了，离开了那座城市，并将悲伤化成了奋斗的动力。十几年后，他已有了自己的公司。可是，却依然单身一人。因为他心里还爱着那个女孩。

经过多方打听，男孩终于打听到那个女孩的下落。原来女孩嫁给了一个赌鬼，结婚没几年，他就将所有家产赌完了，最终被人打死在牌桌上，只留下三个孩子和她。

男孩听到这样的消息，心痛无比。他乘坐当晚的飞机飞到了她所在的城市。可是，当他匆匆忙忙地赶到她的住处时，他几乎已经认不出她来。此时的她正挥舞着棍子打一个小男孩，并大声骂道：“真是没一点出息，跟你老子一个德行。”

就在这时，她看见了他，很显然，她没有认出他来，脱口而出：“来吧，我保证让你满意。”说完，掀了掀衣角，露出了里面的内衣。

刹那间，他万念俱灰，他怎么也没想到，自己朝思暮想的女人竟然以出卖自己的身体为生。他流着泪，头也不回地走了。

男子汉大丈夫，应该拿得起放得下。当你真正学会放弃时，你会发现放弃一颗瞬间即逝的流星，你会得到整个璀璨无比的夜空；放弃一朵已经凋谢的花朵，你会得到整座花园的芬芳；放弃一棵濒临死亡的树，你会得到整个森林；放弃一段痛彻心扉的爱情，你会得到另一份更美好的爱情。

在爱情的道路上，男人要学会放弃，因为放弃也是一种美。在你放弃过去那段爱情时，就意味着新的爱情即将到来。如果你一直沉浸在过去的美好爱情中，那么你的心就像关上了一扇门，你走不出去，爱情自然也走不进来。

人生感悟：放弃也是一种美，更是一种智慧。男人，请学会放弃，在眼泪还没滑出眼眶时就转身离去，留下简单的背影；请学会放弃，将过去的爱情偷偷埋在心底，留下最美好的回忆。当你真正放下时，另一份更美好的爱情就会随之出现。

9. 落花风雨更伤春，不如怜取眼前人

在爱情中，很多男人都看不清楚近在眼前的东西，总是对眼前的美人儿“视而不见”，眼睛总是眺望着那远处的美人儿，总觉得远处的美人儿更美、更好。连《诗经》里都说了：“蒹葭苍苍，白露为霜。所谓伊人，在水一方。”

远处的美人儿更好吗？不一定；远方的人更美吗？不见得。男人之所以认为远方的人更美、更好，是因为“距离美感”将不易相见的人物美化了。所以，是距离欺骗了男人的双眼。

男孩和女孩来自不同城市，却蜗居在一套房子里。经过一段时间的相处，女孩发现男孩稳重、踏实、勤奋，是一个值得托付终生的男人。她曾多次向他示好，但他却待她如同哥哥对妹妹一样，包容她偶尔的小脾气，在她伤心时安慰她。

也许每个女子生命中都有这样一位大哥哥，她也不例外。因此，她总是亲切地称呼他为“老哥”。

转眼就过了大半年，有一天，男孩将另一个女孩带进了他们合租的房间。那是一个看上去很温婉的女子。他告诉她：这是他相亲的女友，以前在另一座城市工作，一年也见不着几面。这才算真正地交往。

女孩的脑袋“嗡”的响了一下，刹那间，似乎明白了什么。她努力挤出一丝微笑说：“祝你幸福!”然后，便转身走进了自己的房间，在关上门的那一刻，眼泪像决堤的洪水，倾泻而出。没过几天，她就搬离了那里。临别时，她微笑着朝他挥了挥手。

目送她远去的背影，男孩的心里突然感觉怅然若失。在与女友相处一段时间以后，他发现女友很喜欢耍小脾气，两人也时不时地吵架。他很伤心，打电话向她倾诉。她笑着安慰了他一番。在快挂电话时，她开心地说：“我也找到了我的幸福，他对我很好，把我当成他的掌上明珠。”

他能感觉到她的幸福，他挂断电话，站在窗前，久久伫立。

有人说：“男人天生犯贱，得不到的就是最好的，得到了却不懂得好好珍惜。”晏殊在《浣溪沙》中写道：“落花风雨更伤春，不如怜取眼前人。”生命本来就很短暂，得不到的并不是最好的。男人，只有珍惜眼前人，生活才会越过越幸福。

人生感悟：在爱情的路上，男人要学会珍惜眼前人。不要等到失去才懂得珍惜，不要等到哭泣时才懂得安慰，不要等到消失才懂得怀念。珍惜眼前人，珍惜自己所拥有的幸福。

10. 世界上最遥远的距离

他们是志同道合的同事。她第一次见他时，就被他成熟稳重的气质所吸引。因此，她总是想办法靠近他，有时候去请教一个问题；有时候说自己的电脑出了问题，专请他帮忙；有时下班故意等他，然后跟他一起走出办公室……

慢慢地，彼此熟悉了。她周末总是去他的住所，给他打扫清洁卫生，偶尔还给他做饭……每次吃着可口的饭菜，他总会一脸幸福地看着她。她以为他明白她的心意，她耐心地等待着他的告白。

时间一天又一天地过去，他似乎习惯了她的存在，两人既像邻居小妹与邻居大哥，又像一对知心朋友。

可是，有一天，他搂着一个打扮时髦的美女，对她说："这是我的未婚妻，怎么样，漂亮吧？"

她点了点头，说了句“祝你幸福”，就转身离去了。一个月后，他结婚了，而她却消失在他的世界中。

结婚后的他生活得并不幸福，妻子大多数时间都坐在电脑旁，几乎从不做家务。每次看到家里乱乱时，他总会想起那个她。他曾试图拨打过她的电话，但是每次打都是关机。他终于跟妻子过不下去了，最后离婚了。

后来，他离了又结，结了又离。不管哪一个妻子，都不能让他重拾当年的那种幸福感觉。

转眼，他们都已经头发斑白。有一天，他意外地获得了她的消息。已经驼背的他立即买上火车票，来到她所在的城市。

当他见到她时，她已奄奄一息，嘴唇翕动着说：“来不及说爱你!”

他一把把她搂进怀里，号啕大哭。他恨自己放弃了她的追求，恨自己不懂得她的心意，恨自己不相信自己内心的感觉……然而，错过就永远地错过了。

泰戈尔说：“世界上最遥远的距离，不是生与死的距离，而是我就站在你面前，你却不知道我爱你。”也许男人天生粗心大意，当女孩子默默为他付出时，他却不明白女孩子的心意。最终与真爱擦肩而过。

“耳朵听到的，不如眼睛看到的，眼睛看到的不如心里感觉到的。”世间万物如此，爱情也是如此，男人只有用心去体会，才知道谁是真正爱你的人。

人生感悟：爱情真的很微妙，总是让男人捉摸不定。男人是直观动物，说话做事总是直来直去，而女人则很委婉，即使表达爱情，也只是默默地关心着你，期待你能明白她的心思。所以，男人要用心去体会那个女人对你的好，牢牢抓紧她的手。

11. 手心里的温柔

他们相遇在那个萧瑟的冬天，她觉得他就是她理想中的男人——无微不至地关心她、疼她，而他正好喜欢她的温柔、善良、朴实。因此，他们相恋了。她以为他们可以快乐地过一生。可是，有一天，他们因为一件小事闹矛盾了。

他生气地走在前面，而她跟在离他不到十步的地方，两人一前一后地走着。她四处张望，偶尔会向前看，可是，每次看到的都是他的背影。她有些沮丧，多么希望他可以停下来，等她一会儿，然后牵着她的手一起走。可是，他一直不紧不慢地向前走着。她不由得埋怨：曾经的温柔、细心、体贴去哪里了？为什么要跟她计较……然而，她不知道的是，他一直在偷偷地观察着她的一举一动。

心里充满委屈的她不再去看他那熟悉的背影，径直向前走。突然，她来到一个转弯处，猛一抬头，一张张陌生面孔映入眼帘。她一下子慌了起来，心里好像丢失了什么，突然觉得没有他的大街是那么的陌生。尽管她努力地在来来往往的人群中搜寻着那个熟悉的背影。可是，那个熟悉的背影已经消失在街道的尽头。

他怎么可以不理他，怎么可以消失得无影也无踪，难道他不知道没有他，她的心会慌吗?

就在她沮丧不已时，一双大手突然牵起了她的小手，一种暖暖的感觉自手心传进她的心房。她抬起头来，是他，一种欣喜之情不禁涌上心头，刚才的不愉快立即烟消云散，一切似乎都变得那么熟悉，那么自然。

她以为他会说什么，可是，他什么也没有说，只是牵起她的手，向四周看了看，然后向马路中间走去。

穿梭在人群与车辆中，他没有看她，而是皱着眉头，四处张望，一会儿拉紧她的手，一会儿又有所放松。霎时，一种无以名状的温柔萦绕在她心间。

这时，不远处传来旋律优美的歌声：“你在我身边相对无言……你在我身边把我的手牵，牵着我手心不变的誓言……我牵着你的手，我牵着你到白头，牵到地老天荒，看手心里的温柔……”

听着熟悉的歌声，她想这就是《手心里的温柔》。

在谈恋爱时，两个人难免会闹矛盾。女人一般容易情绪化，面对心情沮丧的女友，男人更应该以宽广的胸怀去包容她偶尔的小脾气。牵起她的手，把你的温柔传进她的心间，让她感觉到手心里的温柔。

牵着，牵着，永不放手，你们就能到白头！

人生感悟：因为牵了手的手，来生还要一起走。男人，请牵起她的手，把你的温柔传进她的心间，让你们手牵手地走过人生的风风雨雨，一起携手共创美好的生活。

第九章

婚姻——暖洋洋的诱惑，走进围城则平淡似水

婚姻是一座围城，外面的人想进去，里面的人想出来。因为大多数的婚姻在爱情消失后是寂寞的。要想拥有美满的婚姻，就要经得起平淡的流年，更要用忠诚捍卫婚姻，用定力抵制诱惑，做一个最纯粹、最幸福的男人！

1. 时间让婚姻平淡如水，诱惑更易破门而入

结婚后，每天为柴米油盐酱醋茶奔波、忙碌，数着指头过日子才懂得生活的味道。生了孩子，生活突然一下从两角变成多角形，每一个角都是支点，爱情瞬间变成一杯清晨的隔夜茶……婚姻终是经不起时间的打磨，开始得变得平淡如水，甚至像一潭死水，即使扔一些破铜烂铁也掀不起一丝丝涟漪。

婚姻中的两个人也像左手与右手一样，因为太过熟悉，内心再也不会涌起谈恋爱时的汹涌澎湃。在熟悉中忽略了彼此，在平淡中葬送了婚姻。

在婚姻这座城堡中，不仅女人无法忍受婚姻的平淡，很多男人也无法承受婚姻的平淡。当女人每天为生活忙碌时，给男人的时间与柔情自然少了，男人承受不起这样的淡漠，总想去婚姻以外寻找一些激情。

男人与女人结婚十年了，儿子已经四岁了。按理说，有了爱情结晶，生活应该变得更丰富多彩。可是，他们俩却渐渐地形同陌路。女人每天晚上，给孩子洗洗，哄孩子睡觉，而

男人工作很忙，事务繁杂，每天晚上都回来很晚，常常倒头就睡。两个人除了孩子与家事以外，再也找不到别的话题，彼此都感觉这样的生活了无生趣。

尽管，他们也想努力营造幸福温暖的家庭氛围。可是，他们发现彼此是再也找不到什么共同语言，男人拥着女人，再也感受不到当年的激情。

慢慢地，男人时不时地找公司女同事聊天，而女人只要一有时间就去网上找人聊天。很快，他们就意识到自己的婚姻正在陷入危机中。

终于有一天，男人对女人说出了自己内心的真实想法。面对摇摇欲坠的婚姻，他们终于决定把孩子送去奶奶家，两人背上背包一起去寻找曾经恋爱时的足迹。他们一路走，一路回忆着当年的点点滴滴。

“当年，我在这里摘了一朵小花，插在你的头上。那时的你真漂亮!”

“当年，你在这里眼睛进了沙子，我踮起脚尖给你吹眼睛。”

……

你一句，我一句，男人突然发现原来他们还是深爱着彼此，只是爱情已经变成了浓浓的亲情。这并不是爱情的变质，而是爱情的升华。他拥她入怀，轻轻地吻了吻她的额头。

终于，他们的生活又回归了曾经的幸福。

是的，婚姻并不是埋葬了爱情，而是爱情悄悄地变成了让男人熟悉得不能再熟悉的亲情。假如你以为你们之间没有了爱情，那就大错特错。也许有一天，你才发现不是婚姻葬送了你的爱情，而是你的错误认知将你的爱情推出了门外。

人生感悟：男人也会怀念青少年时期的美丽憧憬，恋爱时的山盟海誓。可是，爱情走进婚姻，却变得平淡如水，很多男人经不起流年似水的考验，开始怀疑爱情。其实，生活因为平淡才真实温馨。

2. 娶了白玫瑰还恋着红玫瑰

想着白玫瑰的纯

……

却又迷恋红玫瑰的娇美

……

恋着红玫瑰的美

……

却又想着白玫瑰的清纯

……

听着著名歌手冷漠这首《红玫瑰与白玫瑰》，不由自主地想起了张爱玲曾对红玫瑰与白玫瑰的诠释，她说：“也许每一个男子都有过这样的两个女人，至少两个。娶了红玫瑰，久而久之，红的变成了墙上的一抹蚊子血，白的还是‘床前明月光’；娶了白玫瑰，白的便是衣服上沾的一粒饭黏子，红的却是心口上一颗朱砂痣。”

初次看到这句话，我由衷地感叹：张爱玲女士竟将男人对于爱情难以专属的劣根性诠释得如此淋漓尽致。是的，男人总认为得不到的就是最好的，一旦得到了就忽略了她的珍贵。

他一直认为自己是一个对爱情专一、认真、负责，是21世纪的好男人。可是，他最近却陷入了两难的境地。他有一个漂亮可爱的女友，又有一个知性贤惠的红颜知己。他曾经一直将红颜知己当成自己最好的朋友，即使与女友的一些事，他也会告诉她。可是，现在他发现自己越来越离不开红颜知己。

他跟女友已经订婚了，双方父母正在为他们的婚礼而忙碌。不知道经过多少个夜晚的辗转反侧，他觉得婚姻最重要的是彼此有共同语言，终于决定顶着各方压力，跟红颜知己结婚。当然，各种谩骂声不绝入耳。

然而，结婚以后，他才发现红颜知己并没有他想象中的完美，她很强势，无形中总给了他一种说不出道不明的压力。突然觉得她就像墙上的一抹蚊子血。

这时，他开始怀念前女友的单纯与可爱，前女友从不给他任何压力，不管他给她买什么，她总是兴奋不已。他瞬间觉得她就是那株引人遐想的白玫瑰。

忍不住内心的思念，他偷偷去找过他的那朵白玫瑰，她只是对他莞尔一笑。妻子得知以后，一把鼻涕一把泪地数落他的不是。他一拳打在墙上，痛彻心扉！

拥有了红玫瑰的娇媚，还想着白玫瑰的纯洁而难以入眠；拥有了白玫瑰的纯洁，又恋着红玫瑰的妩媚。这就是男人的劣根性，如果男人不能战胜这种劣根性，最终会葬送自己的婚姻。

人生感悟：男人，如果你想获得美好的爱情，想拥有幸福的婚姻，那么你必须克制内心贪婪对你的诱惑，必须战胜男人的劣根性。只有抵制住了诱惑，你才能经营好一份幸福而美满的婚姻。

3. 出轨不过是男人经不起诱惑的借口

很多男人因为经不起诱惑而做了背叛妻子的事，这本来是男人犯下了不可弥补的错误。可是，在妻子一把鼻涕一把泪地数落男人没良心时，男人却总是为自己的错误找借口。比如，妻子只顾孩子，忽略了他的感受；妻子结婚后，更像保姆，而且一点也不懂得打扮自己等。

张雨杰本来很爱自己的妻子、儿子。可是，在一个风雨萧萧的夜晚，他按捺不住心中的悸动，做了对不起妻子的事。

那天晚上，张雨杰与铁哥们一起去酒吧喝酒。几杯酒下肚，面对一个个性感撩人的女人，他的心里泛起了层层涟漪。终于经不起诱惑，过了一个激情四射的夜晚。

第二天，回到家以后，当妻子追问这事时，张雨杰一再谎称自己在哥们家过夜。可是，他的哥们却在这时说漏了嘴，妻子便像连珠炮似的追问。张雨杰终于招架不住，承认了自己犯错的事实。

妻子委屈极了，一把鼻涕一把泪地哭诉自己这些年的种种不容易。张雨杰不但不认错，还一个劲地给自己找借口。他说："这不能怪我，你知道吗？自从结婚以后，你再不像谈恋爱时那样关心我、疼爱我。你几乎把所有的时间与精力都花在了儿子身上。你不仅忽略了我的感受，还忘了你自己，你也不再像约会时打扮得那么漂亮，现在回家看到你，觉得你更像一个保姆……"

妻子伤心不已，终于决定离婚。在妻子带着儿子离去的那一刻，张雨杰再也忍不住，狠狠地给了自己一个耳光。

当婚姻生活归于平淡时，男人一不小心就出轨了。所谓"坦白从宽，抗拒从严"，一个男人做了错事，不仅不思悔改，还为自己经不起诱惑而找各种各样的借口。男人这样的做法只会让妻子远离，只会将原本幸福的生活埋葬。

人生感悟：一个人犯错并不可怕，可怕的是犯错却不知悔改，并为自己的错误找各种各样的借口。出轨更是如此，假如男人能悔改，也许还能挽救婚姻。如果一味地为自己经不起诱惑而找借口，那么就不可能与幸福结缘。

4. 围城里做个经得起诱惑的男人

钱钟书说："婚姻就像一座城，城里的人想出来，城外的人想进去。"这是为什么呢？结婚就是油盐柴米过日子，恋爱时的激情就会逐渐减弱，再也没有当初那种澎湃的感觉。当婚姻生活平淡似水时，很多男人就按捺不住自己那颗蠢蠢欲动的心。外界的诱惑更是让男人难以抵挡。但不管怎么样，围城里，男人都应该做一个经得起诱惑的人。

兰飞与妻子结婚两年了，自从有了儿子，妻子大多数时间都围绕着儿子转。夫妻俩谈心的日子越来越少，有时候他性兴盎然时，妻子却呼呼大睡。

尽管他心里很清楚，那个娇弱的小生命真的很需要呵护，可是，深夜时分，他依然寂寞难忍。

有一次，公司聚会。深夜，他与一个女同事顺路，女同事打不着车，便坐他的车回家。车子缓缓地在公路上行驶着，四周一片静谧，但他们似乎能听见彼此的心跳声。

为了缓解这种氛围，兰飞放起了音乐。音乐声缓缓流淌，身边的女同事软绵绵地倒在了兰飞的怀里。女同事年轻漂亮，粉面桃花，轻微的呼吸声时不时地传进他的耳朵里，那一刻，他心里涌起一股想吻她的冲动。可是，这时他的脑海中却浮现妻子忙碌的身影，他努力地让自己保持冷静、再冷静。

在一个岔路口，他叫醒了她，告诉她该下车了。女同事睁开双眼，柔声问道："我可以留下来吗？"

兰飞咽了咽口水，一个字一个字地说道："不可以！"

"为什么？难道我没有你妻子漂亮？"女同事不甘示弱地问道。

"不，你比她漂亮多了！"兰飞手紧握着方向盘，眼睛看向前方。

"那你不寂寞吗？"

"寂寞。"

"那你还？"女同事说完，将双手环绕住他的脖子。

"我不能做对不起良心的事情。"男人说完，就把女同事的手拉了下来，并打开了车门。

女同事没趣地走了。

在这个物欲横流的社会，太多的诱惑冲击着婚姻，诱惑着婚姻中的男人。男人只有经得起诱惑，才能维护自己的婚姻。如果经不起一时的刺激，做了对不起妻子的事，那么终会埋葬自己的婚姻。

人生感悟：男人永远不要因为追求一时刺激而葬送了自己的婚姻，否则你会终生后悔。所以，做一个经得起诱惑的男人，用心守护你的妻子、孩子、父母，幸福快乐地度过这一生。

5. 小三的温柔陷阱，小心惹火上身

在这个物欲横流的时代，很多女孩子宁愿在宝马车里哭，也不愿在自行车上笑。与此同时，当爱情走进婚姻，过起了油盐柴米的日子，男人产生了爱情疲劳，产生了审美疲劳，甚至想远离老婆的婆婆妈妈……因此，“小三”这个名词已经越来越流行。

小三是温柔的，是可人的，是体贴的，是神秘的……小三让男人流连忘返，让男人神魂颠倒，更让男人沉醉于她们的温柔乡。

然而，很多男人在温柔乡里迷失了自己，毁灭了婚姻，葬送了大好前程。李明是一家公司的部门经理，本来工作认真负责的他终于耐不住小三的软磨硬泡，下定决心要请几天假陪她去海南度假。

李明向领导撒谎说孩子生病了，要请几天假。领导提醒道：“快去快回，现在是升迁的关键时刻，你不要错过机会。”

李明谢过领导，就带着信用卡来到了小三的指定地点，两人一起坐上飞机去三亚度假。微风徐徐，波涛拍岸，蓝蓝的天空与蓝蓝的大海融成一体，低翔的白鸥掠过一望无际的海面，李明与小三玩得忘乎所以。于是便关掉了手机，排除外界的一切干扰。

尽兴地玩了五天后，李明回来了。但是，家里与公司都发生了翻天覆地的变化。李明刚走两天，妻子就打电话给公司说，儿子生病了要送医院。而他的领导回答说，他不是已经请假回家了吗?

妻子左等右等，最终没等来丈夫李明。只好自己把儿子送到医院，可是，因为抢救不及时，年幼的儿子就离开了他们。

妻子见到李明，像疯子一样地又哭又闹。李明安抚好妻子，立即赶往公司。公司领导见到他，惋惜地说，这几天你都去哪了，打你电话关机，你失去了这次提拔的机会。

面对突如其来的变故，眼泪悄悄滑出眼眶。他终于下定决心与小三一刀两断。

那些经历过小三与婚姻的男人都明白：当小三进入婚姻，成为妻子时，她一样的唠叨，一样的不爱收拾打扮，甚至比前妻更差。可是，很多男人却为了那个比妻子更差的“小三”放弃了婚姻，放弃了幸福！真是悲哉悲哉！

人生感悟：任何爱情都长不过生活，小三的温柔、体贴、神秘终会消失殆尽。如果一个男人经不起诱惑，掉入小三的温柔陷阱，醉入梦乡，终会身败名裂。

6. 彼此信任，婚姻之树才能长青

记得曾经看过这样一则故事：

有一个男人发现妻子一直锁着一个抽屉，他一直想知道这个抽屉里到底有什么隐瞒自己的秘密。有一天，妻子出门忘记了给这个抽屉上锁。这个男人万分欣喜，他觉得这是一个难得的机会。于是，把手伸向抽屉。可是，刚碰到抽屉，他的手又缩了回来。思来想去，他最终没有拉开那个抽屉。因为他不想因此失去对妻子的信任。

看完这个故事，我一直在想假如那个男人真的打开了抽屉，那么他就会陷入无休止的猜忌中，家庭也将从此失去安宁。

其实，男人也喜欢猜疑，男人的胸怀也有狭窄的时候。当他们怀疑妻子时，他们也会闷闷不乐，也会给婚姻带来各种隐患。

有一位女作家曾经说过这样的一句话，信任是心灵相通的桥梁，家庭稳定的纽带，化恶为善的基石。可以说，拥有信任，婚姻生活才会充满阳光。

对于婚姻来说，信任是婚姻稳固的基石，是组建家庭的基本条件，是夫妻间起码的尊重。一对恋人既然走进了婚姻的殿堂，那他们肯定是互相了解的，彼此之间肯定有着深厚的感情。

所以，彼此信任，夫妻之间的感情才会愈加浓郁；彼此信任，夫妻那紧握的双手才能越握越紧；彼此信任，夫妻才能共同营造幸福的生活……否则，婚姻就像是无水之源、无本之木的空中楼阁，注定没有生命力，原本深厚的感情也会消失殆尽，让彼此过得疲惫不堪。

彼此信任，婚姻之树才能长青。愿每一个渴望幸福婚姻的朋友都能真正去浇灌它，真正拥有它！如果你们彼此信任，那么男人就不要因为某一件事而打破现有的宁静。

人生感悟：婚姻除了夫妻之间要有感情以外，最需要的就是相互之间的信任与关心了。如果彼此之间丧失了信任，那婚姻就不可能会长久，更不会幸福。所以，夫妻之间要达到互相信任，那么丈夫首先就要作出表率，相信妻子，不能因为某一件小事而怀疑妻子。

7. 感恩的心让男人将诱惑拒之门外

网络上正流行着这样一句至理名言：“女人最可贵的是‘莫欺少年穷’。如果一个女人不嫌弃男人年轻时的穷苦，愿意陪着他走过人生最艰难的岁月，不离不弃，这样的女人千万不能错过。而做男人最可贵的是‘莫嫌老来丑’，到年龄大时，男人已经飞黄腾达，而女人却耗尽青春。这时候嫌人老丑，实在狼心狗肺。所以，女人懂相守，男人懂感恩，才是一辈子。”

看到这句话让我不由自主地想起了一个发生在我身边的故事。他是我曾经的一个老板，他的命很苦，在他 10 岁时，父母都因车祸去世，留下孤孤单单的他。

15 岁，他独自闯荡江湖。22 岁这年，他遇上了一个温柔、善良的女孩子，他们相恋了。他一直担心自己给不了她要的未来。他流着泪对她说：“我很穷，我是一个孤儿，没有父母，我很可能给不了你想要的幸福。”

她给他擦干眼泪，微笑着说：“这些都不重要，重要的是你真正地爱我，在为我们的未来而努力。”

她这句话成了他奋斗的动力，40岁时，他迎来了事业的高峰。此时已是几家公司的老板，成熟稳重的他身边不乏众多女子的追求，但是他从来不为所动。

有一个自认为年轻貌美的女子终于忍不住问道："难道我没有你那个年老珠黄的老婆漂亮吗?"

"不，你比她漂亮多了。"

"那你为什么?"

他缓缓说道："男人要有一颗感恩的心，我很感谢她这些年用青春陪我走过人生中的艰难岁月。现在的我飞黄腾达了，而此时的她却不再年轻，不再闭花羞月，如果我背叛了她，那我跟畜生有什么两样。"

那个女孩捂着脸跑开了。

现在很多女孩不愿用青春去陪一个男人奋斗，一方面是她不懂相守，另一方面则是因为很多男人一旦有钱了，就抛弃糟糠之妻，让女人悔恨不已。所以，女人只有懂得相守，男人只有懂得感恩，才能相扶相持地过一辈子。

人生感悟：男人，面对年老色衰的老婆，你必须用一颗感恩的心去爱她，用感恩的心去抵制那些充满朝气、年轻美貌的女子的诱惑。只有这样，才能获得幸福美满的婚姻。

8. 妻子就像一杯白开水，虽无味却解渴

我想要为你画个小圈儿

把我们俩都围在中间儿

……

你是我的心呀你是我的肝儿

不求你发财呀不用你当官儿

这辈子注定围着你打转儿

……

你要答应我不许找小三儿

年轻的情儿呀老来的伴儿

……

听着《老婆最大》这首歌，突然觉得它唱出了许多妻子的心声。她们不求丈夫发财，也不求丈夫当官儿，只求丈夫待她一心一意，不许找小三儿。

妻子是家，是那个让男人感到温馨的港湾，是男人遇到困难时的精神支柱……总之，妻子就像一杯白开水，虽然无色无味，可是，当男人口渴难忍时，还是这杯白开水最能解

渴。只是很多男人都不明白这点，宁愿将妻子这杯白开水扔在家里，跑到外面去寻找各色各样的饮料喝，找各色各样的小三儿。

唐友军是一家公司的老板，年轻有为，是许多女孩子心目中的偶像。不知从什么时候起，他觉得妻子人老珠黄，开始在外面寻花问柳，每天很晚才回家。

每次回家时，妻子都坐在沙发一针一线地打着毛衣，等他回家。为此，他还常说，自己动手打毛衣早过时了，商场里卖的毛衣多漂亮、多时髦。妻子不理会，仍然独自打着毛衣。

唐友军雄心壮志，为了扩大公司经营，他贷了一笔巨款。不料，他的一个情人拿着他的这笔巨款逃跑了。他破产了，而其他情人也从他的生活消失得无影无踪。

唐友军失魂落魄地回到家中，妻子仍然在那里打毛衣。见到他，只是淡淡地说："把这些拿去还贷吧！"

唐友军望着那一沓钞票，结结巴巴地问道："你哪里来这么多钱，我每个月只给家里五千元的生活费。"

妻子什么也没说，转身走进了卧室。唐友军此时口渴难忍，端起杯子就一口喝了下去，无色无味的白开水浸润着他的嗓子，他第一次感觉它是那么解渴，是那么的有味道。

妻子就像一杯白开水，虽然无色无味，但确实最能解渴。只是很多男人不懂品味这杯白开水里的甘甜与滋润，他们总觉得饮料好喝，有色有味。然而，他们不知道的是有些有色有味的饮料是有毒的。

人生感悟：白开水虽然无色无味，但确实最能解渴，各种各样的饮料有色有味，却能让男人中毒。所以，男人，请珍惜妻子这杯白开水，不要等到有一天品尝出白开水的味道时，而它却离你而去。那时，一切都晚了！

9. 留心围城里的温暖和幸福，摒弃诱惑的种子

婚姻经过岁月的冲洗，逐渐变得平淡无味。围城中的很多男人经不起平淡的洗礼，更无法战胜情感的空虚。面对肥胖粗鲁的妻子，他们产生了审美疲劳，转而把眼光投向城外的风景。城外的风景让男人眼花缭乱，让男人流连忘返……

他们结婚20年了，女人每天做好饭，等男人回来，而男人每天下班准时回家。男人慢慢地觉得这样的日子如同嚼蜡一般，无味。

男人一直幻想着自己有一位红颜知己，彼此抚慰寂寞的心灵。在一次招聘会中，一个如绽放在水中的白莲花一样的女孩吸引了他的眼球，于是这女子成了她的秘书。每次见到女孩，男人的心就像活蹦乱跳的兔子，左冲右撞。女孩似乎看出了他的心思，时不时地对他投怀送抱。

两人很快坠入了爱河，男人每天下班都带女孩去各种高档场所吃饭，每次回到家里都倒头大睡。妻子一边没完没了地唠叨，一边给他脱衣服、脱鞋子，给他盖好被子。把他安排好后，妻子总会一个人坐在台灯前发呆。

有一天，女孩向她撒娇道："我想买个大房子，首付还差点钱……"男人很清楚女孩是想让他出钱，本来也没什么，可是钱都在妻子那里，便没答应她。

女孩流着眼泪说："你根本不爱我，对我根本就不是真心的。"男人看着梨花带雨的脸庞，心痛极了。他立即回了家里，拿起家里的存折，向女孩的公寓冲去。

男人小心翼翼地打开公寓的大门，却意外地听见女孩在打电话，她说："那个糟老头子，真扣门，竟然一分钱不出。哼，他算什么东西，也不照照镜子，都老得可以当我爸了。"

一阵绞痛涌上心头，男人什么也没说，只是没精打采地走出了公寓，却意外地发现妻子站在哪里。妻子抢先说道："我见你没拿外套，就给你送来了。我也不知道你去了哪间屋，就只好在这里等。"一股暖暖的感觉涌上心头，男人将妻子紧紧地抱在怀里。

城外的景色也许真的很美，但那种美却会迷惑男人的双眼，让男人找不到回家的路。其实，围城里也有围城里的风景。只要你用心感受，你就能感觉到围城里的温暖与幸福。你就会发现围城里的风景更加美丽。

人生感悟：男人一定要经得起城外的诱惑，珍惜身边的人。有些东西一旦失去就是永远的遗憾。如果你用心感受围城里的温暖与幸福，你会发现幸福其实就在你身边。

10. 婚姻需要宽容——爱她就请宽容她

有一句话说："世界上最宽阔的是海洋，比海洋更宽阔的是天空，比天空更宽阔的是人的胸怀。"海纳百川，有容乃大。所以，男人更应该学习海的胸怀，做一个心胸宽广的男人。

在婚姻中，男人更需要宽广的胸怀，用宽广的胸怀去包容妻子的缺点，去包容妻子的过错。也许很多男人都要等历经数年的磨合才能领悟出这一点：宽容一点，好日子就来了。

他是一个爱整洁的男人，公司高层管理人员，而她却是一个不爱收拾的女人，一名资深编辑。也许是性格的互补性让他们俩步入了婚姻的殿堂。

尽管他谈恋爱时就了解了她的生活习性，他曾多次尝试不去在意。可是，每天推开门看见乱糟糟的屋子，他就气不打一处来。

两人因为这事吵了很多次架，他曾数落她："一个女人不收拾屋子还叫女人吗?"

她反驳："你又不是第一次认识我，你不是早就知道我不喜欢收拾屋子吗？而且我每天忙着写稿，哪有功夫来打扫屋子。"

两人你一言，我一语，闹得很不愉快。有一次，他们又为这事吵架了。看着她哭得稀里哗啦，他的心像刀绞一般。那一晚，他久久不能入眠，望着窗外的明月，他的脑海中时不时地浮现妻子的身影。平心而论，妻子是一个好女人，孝顺、体贴、吃苦耐劳、关心自己，而且还很有才华，唯一不足的就是不喜欢收拾屋子。他猛然想起一句话："爱一个人，连同她的缺点都要爱，或许这才是真正的爱情。"刹那间，他突然明白一个道理，他应该宽容她的缺点。

从那以后，看到家里乱时，他二话不说，挽起袖子就干起了家务活。望着干净的屋子，望着妻子明媚的双眸，他突然觉得他是世界上最伟大的男人。

婚姻需要宽容，如果男人能将宽容化作一艘船，那么宽容这艘船将承载你一辈子的幸福。

人生感悟：婚姻中学会宽容对方，不是示弱，而是一种大度。只有宽容，婚姻才能更幸福和睦。男人更应该用宽广的胸怀去包容妻子，你的包容会换来更幸福的生活。

11. 请珍惜左手牵右手的幸福

很多人都说婚姻是爱情的坟墓，爱情只要走进婚姻，就被埋葬了。很多女孩对此深有体会，她们觉得恋爱是在浪漫与温馨中度过，而婚姻却是在平淡与争吵中度过；男人在婚前是奴隶，婚后却是奴隶主……

也许有些男人会为自己辩驳，并不是所有的男人都像你说的那样，你结婚后过得不幸福，是因为你婚前没有睁大眼睛，没有找到一个好男人。如果你嫁给了一个把你当作宝的男人，即使婚姻到了“左手牵右手的时候”，那个男人也会像恋爱时那样把你当作手心里的宝，珍惜左手牵右手的幸福。也许这样的男人真的很少，但绝不是没有。

在网上曾经看到这样一则故事：

有一个男人结婚后对自己的妻子比结婚前更好，这让很多朋友都想不通。在一次聚会上，朋友见他把妻子照顾得无微不至，便笑他：“怎么结婚了还那么腻?”

他微微地笑着回答道：“结婚前，很多男生都想追她，他们都对她很好，我只有对她更好，才能成功地追到她；结婚后，对她好的男生越来越少，我只有对她更好，才能不让她失落。我所做的一切就是想让她幸福。”在场的所有朋友听后都低下头，沉默不语。现场没有嘲笑声，有的只是敬佩。

女人好比一架钢琴，如果遇到名家来弹，那么它就能奏出悦耳动听的曲子；如果遇到一个普通人来弹，它也能奏出流行曲来；但如果遇到不会弹的人，那么恐怕就不成歌了。

所以，男人结婚后应该把妻子当作天使来看待，即使她的长相并不像天使，假使你也把她当作天使来对待，你妻子就会越来越像天使，你们的生活也会越来越幸福美满。

男人请记住：结婚后珍惜左手牵右手的幸福，更好地呵护你的妻子，共同创造幸福美满的生活。

人生感悟：两个人从相识、相恋到相知，再到相爱，最后携手走进婚姻的殿堂，实属不易。当婚姻归于平淡，当夫妻彼此熟悉得不能再熟悉时，两个人就像“左手牵右手”一样。但缺了哪一只手，身体都会不适应。所以，结婚后，男人更应该将妻子当作手心里的宝。这样，婚姻才会幸福！

下篇

女人要耐得住寂寞

女人是守家动物,也是群居动物。在家里时,当丈夫外出时,女人要独自待在那方小小的空间里,寂寞难耐,无处话凄凉。也许女人的人生就是一首寂寞之歌,她们从寂寞中来,又终会走向寂寞。

可是,一些女人却往往耐不住寂寞,像男人那样走出家门,到处招蜂引蝶,葬送了自己一生的幸福。一失足成千古恨,这些女人的后半生便在痛哭流涕中度过。

相反,那些耐得住寂寞的女人,不仅拥有令人羡慕的事业,还拥有幸福美满的家庭。她们笑靥如花,一颗淡定的心大放异彩。

所以,女人想要幸福、想要成功,必须耐得住寂寞,必须与寂寞共处。耐得住寂寞的女人一定是最坚强、最温柔、最有魅力的女人!

第一章

女人如花，寂寞如叶

女人就像清晨一朵含苞待放的花朵，迎着朝阳盛开得分外美丽。可是，如果没有寂寞这片叶子的陪衬，女人这朵花未必能散发出它特有的魅力。女人如花，寂寞如叶。女人不要害怕寂寞，更不要逃离寂寞，微笑着面对寂寞的陪伴，尽情地开放吧！

1. 寂寞是女人生命最后的归宿

很多时候，一个女人都喜欢望着苍穹，对着星星与月亮自言自语：女人这一生最后的归宿是什么？

星星眨眨眼似乎在说，女人最后的归宿是嫁人生子，有了自己的家就有了归宿；月亮时明时暗似乎在说，女人最后的归宿是死亡，缓缓地闭上双眼，人生就画了一个句号；苍穹似乎在说，女人最后的归宿是尘埃，灵魂与身体都化作尘埃，还有什么可以继续。

其实，我觉得女人最后的归宿是寂寞。不管她是嫁人生子，或者闭上双眼结束生命，还是化作尘埃，她都是寂寞的。女人嫁人生子或许会更寂寞，婚姻生活少了恋爱的浪漫而失去了滋味；闭上双眼结束生命独自待在那一方黑洞洞的空间岂不是更寂寞；化作尘埃像孤魂一样四处飘荡岂有不寂寞之理。所以说，女人最后的归宿是寂寞。

要知道垂暮之年，有多少女人守着窗儿，寞然遥望星空；有多少女人拄着拐杖站在路口，望尽天涯路；有多少女人老泪纵横躺在床上，脑海中像放电影一样回想着年轻时的点点滴滴；有多少女人两鬓白发，独自望着天边的云彩……毫无疑问，在垂暮之年，她们是寂寞的，寂寞得有些忧伤，寂寞得有些沧桑。

是的，寂寞是女人最后的归宿。张爱玲、李清照都用她们最后的生命蘸着墨汁谱写了寂寞这首赞歌；邓丽君用最后的生命附着美丽的歌喉将寂寞的芳香散发开来；陆小曼最后的生命随着袅袅烟雾而在寂寞中逝去……纵然如此，她们依然微笑着迎接最后归宿的到来。

人生感悟：女人这一生，或轰轰烈烈，或平平淡淡，或碌碌无为，最终都要走向终点——寂寞。寂寞是女人生命最后的归宿，所以，女人微笑着拥抱它的到来。

2. 坚强吧，走过寂寞这段无人相伴的旅程

女人这一生，总有一段无人相伴的日子。失恋时，多少痛苦的滋味只能自己一个人品尝；工作遇到挫折时，多少艰难困苦只有自己知道；婚姻遭遇不幸时，多少苦多少累只有自己硬硬地咽进喉咙去。

秋是一个简单单纯的女孩子，年轻时渴望一份甜蜜浪漫的恋情，她没读过什么书，受过的教育就是女人一旦结了婚就要从一而终。本着这样的念头，她嫁给了邻村的张某。

婚后一年，生了一个男孩儿。婆婆出人意料地被车撞成瘫痪。她一面照顾婆婆一面看护孩子。累是不言而喻的。只是丈夫渐渐地变得不那么顾家了。隔三差五喝得酩酊大醉，时不时还去麻将馆赌两把。赌输了，心情不好，秋便是他的出气筒。秋的脸常年肿胀。自从张某常出去赌博后，家里就基本断了经济来源。秋没做过买卖，但种田是把好手。就一面带着孩子一面种些田地，对付家人吃穿。

后来，婆婆在一声声的愧疚中带着对秋的感谢离开了人世。婆婆去世那一刻，秋觉得轻松了，担子轻了。也许，她该选条新的路。她跟张某离婚了，带着儿子，没有可以分配的家产。她们就手牵手离开了那个让她痛苦的地方。

紧接着，秋进了城，做了一名环卫工人。攒了点钱，跑去地铁门口开了个早点摊。

女人，苦成秋这样的不多，像她这么坚强的也不多。

很多年轻女人失恋时倍感寂寞，痛不欲生，痛哭，寻短见，以死相逼。用生命的代价来换取一段可有可无的爱情，真是傻到极致。即便这所谓的“爱情”最终被自己揽在怀里，也失去了当初那你侬我侬的甜蜜滋味。但是很多女人不懂，以为这个人在身边就是自己的，可是“身在曹营心在汉”，你能挽留他的心他的灵魂吗？

时下流行一个词，叫“脆生”。干脆利落，果断不犹豫的意思。女人要做一个脆生的人，感情没了，就“咔擦”剪断它，别再留恋。命里注定是你的跑也跑不掉。不是你的强留也没意义。做一个坚强的人远比等在原地望着他哭泣来得有尊严。

刚才说到的主人公秋，在她 37 岁的时候，开了一家属于自己的餐馆，也找到一个爱她疼她的男人。从离婚时的 27 岁到现在的 37，她用了整整十年的时间证明了一件事：女人，坚强吧！走过那段没有人陪的寂寞旅程，只要熬过去了，你就会迎来人生的春天。

人生感悟：太阳再耀眼，也有照不到的阴暗角落；世界再喧闹，女人也有一个人的时候。在人生这段寂寞的旅程中，女人无论嫁给一个什么样的男人，都必须明白，坚强才是永久的生存之道。

3. 寂寞是人生旅途中不可缺少的旅伴

王国维在《人间词话》里说，古今之成大事业、大学问者，必经过三种境界：“昨夜西风凋碧树。独上高楼，望尽天涯路”，此第一境界也；“衣带渐宽终不悔，为伊消得人憔悴”，此第二境界也；“众里寻他千百度，蓦然回首，那人却在灯火阑珊处”，此第三境界也。

女人人生的每一段路程都是孤独而寂寞的。每一位成功女士，都注定会被寂寞包围。因为耐得住寂寞，是一个女人思想灵魂修养的体现，更是一种难能可贵的风情。

寂寞是任何一个女人都难以摆脱的，不管你是成功女士，还是平凡的女人，寂寞都如同喜怒哀乐，如影随形；寂寞又是柔软的，像水，像微风，女人抓不着它，却能时刻感受到它；寂寞是夜半轻吹着的风，不经意间慢慢轻抚着女人的身体。当女人忙碌完一整天，终于放松下来，仰望星空璀璨时才意识到，原来寂寞一直都在。它已经侵占了女人的整个精神世界。

有些女人说，忙碌时忙得晕头转向，这时寂寞该远去了吧！其实，有时候的忙碌不过也是寂寞撒的谎。有些女人忙着上网，忙着煲电话粥……她们让自己这样忙，不过是因为害怕寂寞而已。但让自己充实起来的忙碌是帮助女人战胜寂寞的良药，因为忙碌，因为充实，她们战胜了寂寞，不再感到寂寞，但这并不代表寂寞远离了她，当她空闲下来时，寂寞又回到了她的身边。

寂寞是女人人生旅途中的不可缺少的旅伴，一直跟随着女人。女人不要害怕寂寞，其实，在人生这段旅途中有寂寞的陪伴也并不是坏事。因为有寂寞，你才能静下心来欣赏眼前的风景。有句广告台词说，人生是一段旅程，在乎的不是目的地，而是路上的风景以及看风景人的心情。这样想来，寂寞算做一种调剂，给平淡的生活注进一剂活泉。有了寂寞相伴，想必旅途才会更加精彩。

人生感悟：女人的人生需要寂寞相伴，耐得住寂寞，才能经得起浮华的喧闹，才能不被俗世诱惑。我们要努力做那个守得住清贫、耐得住寂寞、挡得住诱惑、经得起考验的女人。

4. 寂寞是人生的常态

“古来圣贤皆寂寞，唯有饮者留其名”，李白的感叹让我们知道，所谓“高处不胜寒”，但凡权倾朝野或圣贤之辈都是寂寞的。然而，何止圣贤才会寂寞，我们这些普通女人，谁没有寂寞难耐之时呢？

当一个女人心中的理想与现实有差距或难以实现时，她想要改变命运却又难以做到，当她愁眉不展时，寂寞就会尾随而来，挥之不去；当一个女人面对恋人的离去而痛苦难熬时，寂寞便会悄然涌上心头；当婚姻出现裂痕，女人悲观叹息时，寂寞就爬上女人紧皱的眉头……

其实，寂寞是人生的常态。一个人会寂寞，一家子人也会寂寞，一群人还是会寂寞。有一句话说，寂寞是一个人的狂欢，狂欢是一群人的寂寞。寂寞是心灵孤单的时候没有人宽慰，是有人陪伴时还觉得孤单。寂寞无药可解，它是心灵的空虚飘荡，它从来就在。有些女人，以为寂寞时被人群包围便不会孤单，事实上，越是狂欢越是孤单，就越是寂寞。只有当心灵超脱、精神自由的女人才不会被寂寞湮灭。这不是说寂寞没有了，当女人的精神境界高了一个层次，她便能与寂寞和平共处了。换言之，她乐意与寂寞为伴。

人生在世，不如意的事，数不尽也说不完。因此寂寞常常会如影随形。但处于寂寞而不甘寂寞者，是内心强大的女人；居于寂寞而不觉寂寞者，是内心充实高雅的女人；甘于寂寞而乐在其中者，是内心平淡的女人。不以物喜，不以己悲！如此，女人就能坦然接受寂寞。

寂寞是人生的常态，女人应该努力适应而不以为病。

人生感悟：寂寞是人生的常态，女人不要时时想怎么逃避寂寞，怎么远离寂寞。事实上，不管你怎么逃避，寂寞都如影随形。所以，女人只有学会与寂寞共处，才能真正地活得潇洒自在。

5. 生命如水，寂寞如歌

很多时候，我问很多女性朋友：你因什么感到寂寞？她们的回答无一例外地离不开一个词，爱情。

“有的女人会一直寂寞，不是因为身边没有朋友，而是因为没有爱情；不是因为没有人爱，而是因为自己不知道如何去爱。”

这是我从大多数朋友那里听来的答案。爱情，会让一个女人常常感到寂寞。当她们寂寞时，抓起电话，拨着一个号码，拨着拨着又放下，不知道该给谁打；想见到所有的朋友，却一个朋友也见不到；心里总想着做点什么事，却又无所作为。

其实，寂寞如歌，女人，当你亮开嗓子把寂寞大声唱出来时，你的寂寞便不再是寂寞。只是很多女人不懂得唱寂寞这首歌，她们总是想尽办法与朋友聚会，跳着醉着，笑着哭着。哭过之后才发现，很多话依旧只能尘封在心底。

寂寞如歌，女人，当你疲惫不堪时，停下脚步，放下种种烦恼，卸下一身的重负，走进歌的海洋，把自己当成寂寞的歌者。在夜的帷幕下，用你的心声随同寂寞的心曲努力吟唱一首首如雨如烟的歌，不用在乎谁会是你的听众，不用在乎谁会给你掌声，只管大声唱出这首寂寞之歌。

可是，有些女人能将寂寞这首歌唱得很动听，有些女人却演砸了这首曲子。所以，女人要用心唱寂寞这首歌，你就能在寂寞的土壤里开出花朵来。

人生感悟：寂寞是一次生命的终结，更是一次生命的开始。它是一种超脱，也是一种宁静，只有耐得住寂寞的女人才能找到人生的真爱。

6. 生命因寂寞而美丽

寂寞是女人成长岁月里的一份超脱情怀，是生命过程中不可缺少的历练和升华。寂寞的女人在寂寞中沉淀，还能在寂寞中创造奇迹，她们的成就也在寂寞中慢慢垒起。她们因为寂寞，实现了对苦难的壮丽超越。

耐得住寂寞的女人，与寂寞和平共处的女人，才能感受到常人感受不到的东西，才能让生命绽放出它特有的美丽。

罗兹说，一个女人没有朋友固然寂寞，但如果忙得没有机会面对自己，可能更寂寞。看安妮宝贝的《春宴》，其中写到一个作家从公众视野中消失的情况，电话接不通，QQ 不在线，邮件不回复。这个女人好像从地球上消失了一样，原来她要留半年的时间给自己，完完全全属于自己。屏蔽掉一切与外界联系的方式。她一个人生活，一个人散步，吃很少的食物，睡很少的觉。这一切，只为写出有意义、有生命、有情感、能引起共鸣的作品。

有人也许会问，何苦这么折磨自己？其实不然，她只是为自己找一个寂寞的所在。

寂寞是女人成功前的绊脚石，你越过这层障碍就能看到成功和光明；寂寞是女人获得幸福的引渡，是生命的传承，是人生旅途上的一道独特风景。它虽凄冷，但却别样美丽。

于丹老师说，古人的散淡，古人的恬静，古人的辞让，是为了留一份寂寞给生命。古人说“无言独上西楼，月如钩，寂寞梧桐深院锁清秋”，但寂寞不全都意味着愁苦。

现代都市，灯红酒绿，人们已习惯在霓虹灯下匆忙穿行，他们没有静下心来的勇气，习惯了喧嚣浮华，他们变得害怕独处，以至于没有给自己思考和独处的时间。但相反，当一个女人静下心来，独自面对寂寞、享受寂寞、利用寂寞，她就能摘到别人摘不到的桂冠。生命像花一样绽放，美丽而绚烂。

人生感悟：寂寞是女人让心灵感受世界的最佳时机，是女人提高自我修养的必经途径。女人，穿过寂寞的隧道，就能看到光明，你的生命就会绽放出特有的美丽。

7. 生命彼岸寂寞穿行

世间寂寞种种，各不相同。曹雪芹笔下的《红楼梦》，各色女子演绎了不同的寂寞，或于绚丽灿烂中露一点灰败，或于荒凉惨白中现出几分鲜艳，更多的像早败的花，来不及吐露芬芳便已惨败。爱情和青春还有灿烂的快乐还没有走近，很多女人来不及欢叫，来不及叹息，生命中最美好的东西在瞬间擦身而过。哪怕荣华富贵、锦衣玉食，面对无边的寂寞也是要黯然失色的吧？

寂寞，注定是女人一个人的旅行，独自驾一叶扁舟，雾霭茫茫中孤独前行。没有可以引路的灯塔，没有指南针，仅凭自己对生命的热烈期待，随风漂泊，漂到哪里就是那里。生命，就是带着寂寞，从此岸穿行到彼岸。

很多女人都曾幻想生命如一场丰盛的晚宴，谈笑风生热闹喧嚣百般温暖后，曲终人散尽，只剩残羹剩饭，茶冷，酒酒，人亦醉，无边的落寞相伴。但女人后来才发现离了那盏昏黄的灯，心中的灯火不灭，彼岸花火璀璨，哪怕只能远远观望，泥泞着双脚，也要屹立不倒，为生命欢歌。

时光如流水，很多女人转身才发现曾经那些伤痛，只为彼岸的寂寞，觥筹交错后的空虚寂寥，把酒言欢后的孤独无依，一杯酒，一张墨迹斑斑的纸，一封滴泪泣血的信，多少留恋的回首多少眷恋的呼唤？一声声幽怨长长的叹息，红尘许多事，都湮没在这三尺红尘之中。她们悲叹：红尘无物，注定是寂寞。悲剧在欢喜聚散中低声抽泣，轰轰烈烈地爱过了，肝肠寸断地哭过了，刻骨铭心地恨过了，当一切都成云烟时，释然了，宽心了。她们微笑着，带着寂寞上路，穿行在生命的彼岸。哭泣或者欢歌。

人生感悟：女人，在你有限的生命里活，要不停地远行，即使一无所有，也要让寂寞的心找到一片帆，一个方向。明确自己前行的目标，女人请鼓足勇气行走，前进。

8. 寂寞的生命，寂寞的雪

雪花，似花，又似雾。它像仙女一样飘然而下，一朵一朵地落在大地上，给大地裹上一层银装。它的身姿在空中看上去是那么寂寞，飘飘洒洒，孤孤单单。纵使落在大地上，跟众多兄弟姐妹融在一起，它也是寂寞的。

她就是一个爱雪的女人，爱雪的纯净，爱雪的洁白，也爱雪的寂寞。一个爱雪的女人必然是寂寞的。

她认识他的时候，是在一个雪天。一场鹅毛大雪从天而降，纷纷扬扬，她爱极了雪，爱雪那落寞的身影。

“看什么东西，这么入神。”一个很有磁性的中低男音传来。

“那你又是在看什么呢？”她调皮地反问道。

“当然是一副美女赏雪图。”

人们以为这样熟络的搭讪像是两个早就认识的故人，不经意间碰见，彼此搭讪寒暄。其实他们并非故人，他们没碰过面，从不认识对方，只是一见面倒有种多年不见的熟悉感。也许，这就是所谓的一见钟情？

他们在这样的开场白中相识。接下来的日子，在一次又一次巧合偶然中碰面（虽然她后来才知道这些所谓的偶然只是他刻意制造出来的，但这又何妨？她已无可自拔地爱上他）。她终于可以确信，这个人，也许就是她等的那个人。

最后，在人山人海的万达广场，她被他突如其来的告白打动了，她答应他，做他女朋友。只是怎么也没想到，她竟无意发现，他早已有妻子儿女。那么他跟她在一起的日子算什么？她发狂地追问他，他无奈地用力紧紧拥抱她，喃喃自语，说自己无意伤害她，只是太爱，而不知怎样坦白这一切。最后，他对她发誓说，给他一年时间，他跟妻子离婚。

她允了。她给了他一年的时间，又给了一年时间，又等了一年，时光蹉跎，转眼三年过去了。他还没离婚。她无数次地哭闹，问他到底作何选择。他嗫嚅着解释说，离婚不是件容易的事。要给他时间。

时间，她给了，给了他三年。她微笑着站起身说：给你最后一次机会，一个月后我们再见面。离了我们就在一起，否则还是分开吧。

一个月后，他们见面了。她从他恍惚迷离的眼神中已经知道了答案。她按捺着自己伤痛的心，等他开口。

终于，他说："我们离不了，我们之间有孩子啊。离婚对孩子是多大的伤害，即使我不爱她，可孩子是我的……"他解释了很多，可是她根本就没听到。她等待的就是一个结果，离，或不离。

他和她之间也有孩子啊，那个无辜的生命被她扼杀了。他们的孩子没了，这种伤害谁来承担？

她站起身，拿起他给的银行卡。走了。她以为会拒绝这张卡，可是为什么要拒绝？这些年的青春，所有付出的时间、感情，他们的孩子……这些难道不值这个价么？

又是一个冬天，她走在雪花漫天的人行道上，眼里流出的温热的东西，融化了眼角的雪花。她觉得寂寞、孤独，那身影就像空中的雪花一样。这种感觉，仿佛就是心被掏空了，身体的每一个部分都被拿走了，她慢慢地飘，飘到半空中，就像那雪花一样，无依无靠地飘荡着……

这生命真寂寞，比那雪花还寂寞！

人生感悟：女人，在对的年纪遇见对的人，才能幸福一生。对的年纪遇见错的人，虽轰轰烈烈地爱过恨过，但余生的日子里，终究会寂寞无依。

9. 享受寂寞是至高的人生境界

不管一个女人身处何方，行至何处，不管她是春风得意还是颓败失意，寂寞都是她人生永远的主题。

一个甘于忍受寂寞的女人，是一种小美；一个乐于忍受寂寞的女人，是一种中美；一个能享受寂寞的女人，则是一种大美。也就是说，享受寂寞是女人人生的至高境界。

获得成功的女人已是凤毛麟角，成功的女人不一定是享受寂寞的女人，但享受寂寞的女人一定是成功的。

在这个浮躁的年代，一个甘于忍受寂寞的女人已实属不多，因为大多数女人都害怕寂寞，远离寂寞。所以，享受寂寞的女人真是少之又少。

懂得享受寂寞的女人会以一种出世的心态去品味寂寞。在她们看来，寂寞不是忧愁，而是一潭清静的秋水，平静得没有一丝涟漪，没有风，没有声音，只有坦然的风景，还有天蓝和树绿装饰着寂静；寂寞不是哀伤，而是那无垠的天空，飘着朵朵白云，一片静谧。

在寂寞的世界里，享受寂寞的女人放飞想象，时而把自己想象成一只小鸟，在寂寞中自由自在地飞翔；时而把自己想象成一条小鱼，在池塘里快乐地游弋着；时而把自己想象成一棵小草，从不寂寞，从不烦恼；时而把自己想象成含苞待放的花朵，独傲枝头，尽情地散发独有的芳香。

如此，她们不再觉得寂寞让人无法忍受，而是觉得寂寞像一个时刻陪伴她的朋友，她了解寂寞，寂寞也了解她，他们形影不离，相处十分融洽。

享受寂寞是人生至高境界，当一个女人懂得享受寂寞时，她的生命早已绽放出绚丽的色彩。

人生感悟：享受寂寞是一种大境界，女人要学会享受寂寞，在寂寞中微笑，在寂寞中翻开人生的篇章，在寂寞中展现多彩的生命。

10. 在安静中品味人生的寂寞

草原上，静卧，一只鸟，扑棱棱，从一根斜枝飞到另一根斜枝上，这是大地呈现出的安静。一根针，“叮——”，掉在地上，如果一个女人听得见，那她必是一个安静的女子，也是一个寂寞的女子。因为女人往往在寂寞时分才能听得见这么细小的声音。所以，人生的真谛，往往在安静寂寞的时候才显现得出。

有些女人说，无欲的生命是安静的。放下诸多贪念，比如荣誉、金钱、权势、地位、恩宠……这些欲望越多，女人就越浮躁，就越不知道自己想要什么，离真正的自己也就越来越远。是的，安宁平静的心境有助于女人增长智慧，更有助于女人盛享人生的寂寞，在寂寞中看清自己。

因为真正的安静无关乎世界形势如何，却来自于女人的内心，很多女人都听说过这样一句话：一辈子居于闹市而不嫌吵闹的市民，却不曾听过一辈子隐居山林而不怕寂寞的居士。这就好比一棵树，不管是身在庭院，还是独立于荒野。红尘中极微小的风，极细小的雨，都会引起一片树叶的飘动，而树却岿然不动。所以，女人最好都不要做那容易受摆弄的枝叶，而应该成为那静默的根系，深埋在土里，安于自己的内心，不为凡尘俗世所蛊惑。

这个世界最真的美，永远不是那些涂脂抹粉招摇过市的女人，也不是闹市里那一幅幅飘浮移动的幻影。它也许是院子里眯着眼晒着太阳的老人，也许是不言一语的河边捶洗的含羞少女，也许是院坝里打闹的天真孩童。无独有偶，它们安静、平和、恬淡、纯真、灵动、它们纯洁，不染一世俗尘。

人生感悟：寂寞是人生的归宿。女人摒弃浮华，在静谧中静静地盛享人生的寂寞，你就一定能听到心灵深处最美的歌声。

11. 远离喧嚣，寂寞并快乐着

独处和群居是女人生活的两种方式。有的女人喜欢群居，有的女人更喜欢独处。女人在人群中如鱼得水是一种能力，但女人能一个人静静地安于自我环境何尝不是一种本领。

寂寞是女人人生中最为重要的体验。因为在寂寞中，女人才能与自己的灵魂相遇。托尔斯泰说，在群居中，人面对的是部分和人群，但在独处时，面对的却是整体和万物之源。

丽与静是两双胞胎姐妹，两人形貌相同，但性格差异却很大。丽从小就活泼好动，深受所有人的喜欢，而静却文静得出奇，看到谁，都只是淡淡的一笑，大家对她敬而远之。

每天放学以后，丽回到家，就欢快地与邻居打招呼，小伙伴也找她玩，她常常玩得不亦乐乎。而静永远都是孤孤单单一个人，回到家，放下书包，就钻进书房，开始做作业。窗外的喧闹声，好像都与她不相干，她的脑海中只有那些密密麻麻的文字，与文字相伴，她终是寂寞的，可是，她却感到很快乐。

自然，静的学习成绩是优秀的，几年后，她以优秀的成绩考了北京一所重点大学，大学毕业后，静找到了一份不错的工作，与公司的一位同事结了婚，婚后生活幸福而快乐。

而丽却因为过早地与一位男孩谈起了恋爱，高中没上完，就辍学了，跟那个男孩结了婚，生了孩子，稚嫩的肩膀早早地承担起了生活的重担。

一年，静带着家人回老家看望父母，当她看到丽时，惊讶极了，但她安静的性格却让她掩饰住了这惊讶的表情。原来，丽结婚生子后，不安分的性格仍在作祟，她跟老公离了婚，又嫁给了另一个男人，可是，这个男人比前任老公还差，打她，骂她，羞辱她……她已经被折磨得不成人样。

当丽看到静文质彬彬的老公时，她很不甘心地问道："你我容貌相同，为何人生境遇如此之大？上天真是不公！"

静莞尔一笑，轻声说道："你在喧嚣中快乐着，而我在寂静中快乐着。"

独处是一种孤独，也是一种寂寞，假如一个女子能在寂寞中收获快乐，那么她就是一个能与寂寞共处的女子，更是一个幸福快乐的女子。

人生感悟：孤独寂寞中，女人能得到充分的思考，获得承受了苦难的坚定毅力，也驱散了俗世的浮躁与喧嚣。能独处的女子，是能与寂寞共处的女子，自然能获得幸福快乐。

第二章

因为寂寞而成长，因为成长而寂寞

成长是一首寂寞的赞歌。因为有了寂寞，女人才能一点一点地成长，才能一步一步地走向成熟，眼前就出现了一道道别样的风景。可是，成长给女人带来了快乐，也带来了寂寞。当一个女孩子成长为一个女人时，烦恼来了，寂寞也来了！女人因为寂寞而成长，因为成长而寂寞。

1. 成长，就是在寂寞中蜕变

有些女人认为，成长就好像是幼虫被包裹在茧里，无声无息地忍受着那种撕心裂肺的痛苦，努力地朝着蝴蝶蜕变；还有一些女人认为，成长就像一棵独立于苍茫天际下的大树，离群索居、远离喧嚣，让寂寞在自己的身体里刻下年复一年的年轮，那年轮就是成长的标志……

其实，成长就是在寂寞中蜕变。哪一个成熟的女人曾经不是那个穿着白裙子、扎着马尾辫的单纯女孩子。是的，任何一个女人曾经都是单纯的、善良的，只是有些女人因为经历了寂寞，在寂寞中发生了蜕变，完成了一次自我超越，而有些女人因为忍不住寂寞，越来越寂寞，最后被寂寞吞噬了灵魂。

莲心本是一个单纯善良的女孩子，可是，她的命运就如她的名字一样，苦苦的，涩涩的。莲心大学毕业时，她喜欢穿白裙子，扎着两条辫子，穿双小皮鞋，一个十足的单纯女孩。

可是，自从认识那个男人以后，她的人生轨迹发生了 180 度的大转弯。她恨那个男人，因为他欺骗了她；她感激那个男人，因为他磨炼了她的心志，让她在寂寞中蜕变，真正地成长为一个女人。

他们在朋友的生日宴会上相识，莲心坐在角落观看他跳舞的英姿。她不敢奢望可以与他共舞一曲，出乎她意料的是，那个男人竟然伸出手来邀请她跳舞，她惊慌失措，伸过颤抖的手，跟他跳了起来。莲心太过紧张，踩了他好几次，他都微笑着说没事，当他的手环上她的腰，她的脸颊染上了一抹红晕。

那次生日宴会后，那个男人经常联系她，他说："我喜欢你单纯可爱的模样，做我女朋友吧！"

莲心答应了！可是，他们交往没多久，莲心意外地发现自己怀孕了。单纯的她害怕极了，她去找他，可是他却一副冷冰冰的样子。第二次，再去找他，他仍冷冰冰地说打掉。那是他们的孩子呀！莲心执意不肯，当她挺着大肚子再去找他时，他已经挽着另一个女人走进了车里。

望着他们离去的背影，莲心任由泪水直流。她终于决定冒险打掉孩子。从医院出来的那一刻，莲心的心随着孩子的离去而彻底心灰意冷。

从那以后，莲心把所有时间都用在了工作上，几年后，她完全脱去了单纯的外衣，浑身上下都散发着成熟的味道。

成长的过程既寂寞又寂静，但耐得住寂寞的女人总能等到蜕变之日。因为清脆的裂茧声会抚平之前所有的煎熬和伤痛；遮天蔽日的树荫会给大树带来无边无际的阴凉。

人生感悟：成长是寂寞的，又是痛苦的。女人忍住寂寞，在寂寞中自我蜕变，总有一天，你会真正地成长起来。

2. 在寂寞中成长，幸福人生必经的过程

余秋雨先生说："成熟具有磅礴的大气和平淡的心境。"在寂寞中成长，是每个女人人生必经的过程。女人在面对难题、困惑时，将纷繁的人事抛开，全身心投入到寂寞之中，从黑夜到黎明保持一种平淡的心境，在成熟的空间里充分享受自己的天和地。寂寞带给女人悲伤的同时，也把成熟带来了。女人一步步走向成熟。

在人生的旅途中，形形色色的女人，境状各异，但无一例外她们都会遇见寂寞。内心强大的女人将寂寞变成垫脚石，在寂寞中绽放自己的光彩；内心脆弱的女人却视它为拦路虎，在寂寞中消磨自己。寂寞是一个女人成长的沃土，也是她成长的必经之路。

古人说："夫君子之行，静以修身，俭以养德，非淡泊无以明志，非宁静无以致远。"女人只有在寂寞的情况下，才可以平静下来，让思想提升，让心灵净化。

小珠是一个活泼开朗的女孩子，也是一个不甘于平庸的女孩子，自从出来工作的那一天，她就想要找一个有钱的男朋友，要自己当老板，还要出国留学。

出来的这几年，小珠一直努力着。有一个同事非常喜欢她，小珠早上喜欢吃面包，那个同事每天早上都会给她带来面包，下班送她回家。坦白说，小珠的这位同事非常不错，可是，离小珠心目中的男人相差太远，所以，她只是亲切地称呼她为大哥。

小珠从来不曾忘记过自己的梦想，她一直为自己的梦想努力着，她以为等她当了老板，她就能找到有钱的男朋友。可是，有一天，她看到了一个故事，这个故事讲的是一女孩子放弃了一个爱她的男孩子，全身心地投入工作中，几年后她成了拥有几家公司的老板。当一个男人从她身边走过，她才发现自己再也找不到当年那份纯纯的爱情。故事结尾说，女人应该懂得净化心灵，追求简单一些，有一份工作，一个爱自己的男人，足矣！这样的女孩子才会幸福。

小珠看完这个故事，仿佛看见几年后的自己。她开始审视自己，爱情重要，还是金钱重要。当自己真当上老板时，已经有花不完的钱，为什么还要找一个有钱的男朋友。经过一番思索，她终于决定跟那个同事谈恋爱。

结婚后，他们过得很幸福，老公开始创业，她全力支持！在支持老公的同时，她的工作也做得越来越出色。当老公事业有成时，问她："你想要什么，尽管说，以我现在的条件都能满足你。”

小珠微笑着说：“我只要你全心全意的爱。”老公感动地将她拥进了怀里。

当一个女人懂得在寂寞中净化自己的心灵时，她就已经成长了一大步！人这一生，赤手空拳地来到世上，又将两袖清风地离去。在女人的人生道路上，女人追求得越简单，就会越快乐。从简单到复杂容易，从复杂到简单却难。当一个女人从复杂变化到简单时，她就真正地成长为一个有思想内涵的女人。

人生感悟：在寂寞中成长，是一个女人获得幸福的必经过程。如果一个女人不能在寂寞中成长起来，那么她就会成为寂寞的俘虏，自然与幸福无缘！

3. 成长，既寂寞又美好

在女人成长的这段岁月里，是寂寞的，又是美好的。寂寞是因为你必须一个人去承受寂寞带给你的痛苦，而美好是因为你对未来的一切充满了好奇，把它想象得格外美好，即使有一天你发现成长并没有你想象中的美好，但你会发现曾经能憧憬也是一种美。成长，既寂寞又美好。女人在寂寞中，迈着坚定的步伐向你憧憬的美好出发吧！

看一档访谈节目，来的诸多嘉宾都被问及一个问题——“谈谈您的成名之路”。有一次来的是王某。王某，一个勇闯京城干练十足的女人，一个在舞台上风姿绰约的女人，一个“淡妆浓抹总相宜”的女人。

王某来北京之前在四川的一家新闻单位坐办公室，她的工作就是每天寄信，很多封。填好地址，封口，寄出。每天如此。

主持人问：“这样的日子会不会寂寞？”

她并没有正面回答这个问题，她说，每天她都会认认真真地填写信封上的地址和收件人，她把它当作锻炼书法的途径。每天不厌其烦地刷胶水，她想出一个妙招，将所有信封的封口紧密依次错开放好，一齐刷上胶水，这样就省了不少时间。

这样下来，她总是办公室每天寄信最多的女子。但人生总要不断突破才有所创新。王某觉得自己应该到更大的地方提升自己。于是选择去北广进修。北京房价高是众所周知的，她租的地下室暗无天日，空气不好，只能用来睡觉。她一个人上课，一个人回住处，一个人上街，一个人吃东西。一个人看书，一个人思考。紧接着，进修结束，她又一个人东奔西跑找工作。慢慢地，她学会了在寂寞中思考，人生的选择、工作方向、自己的优势和短缺之处。这样冷静理智的分析，让她慢慢找到努力的方向，她最终凭借自己的优势进入中央电视台。正是寂寞的环境，寂寞的一切，让王某明白最真实的自己，明白了人生的真谛，也明白了快乐的含义。

独自一人来到北京这座人海茫茫的大城市闯荡，王某需要的是勇气胆量和魄力果敢。这个在当时不为外人看好的选择，颠覆了王某整个人生的轨迹。这是一种成长，这种成长是寂寞的，也是美好的。

人生感悟：女人的成长过程并非一帆风顺，都是五味杂陈，酸甜苦辣的。但它始终是向上、向前的。成长的美好在于伴随着的寂寞无奈和孤独。当一个女人在成长的过程中品尝过酸甜苦辣时，她的人生就会绽放出最美的光彩。

4. 跨过寂寞这道坎，你就成长了

寂寞有时像一个无辜的孩子，常常被人误解为不健康的消极情绪，没人喜欢它。女人都认为寂寞是孤独的代名词，喜欢群居的她们总是想着办法逃离寂寞。

寂寞的滋味难以言说，它有时像大雾一样笼罩在女人心头，压得女人喘不过气；有时候又让女人像迷了路的孩子，无助彷徨。

有的女人因寂寞功成名就，有的女人却因寂寞堕落。耐不住寂寞的女人，心灵居无定所，她们的精神世界像一滩死水，会慢慢衰竭直至干涸。因为她们总是用各种方法摆脱寂寞，却从来没有想过跨过寂寞这道坎。所以，逃离寂寞的女人永远也不会获得成长。

寂寞是一种修炼，女人独守一种清静，甘受一份冷落，在它的折磨下，你慢慢成长直至成熟。女人经历过寂寞的磨炼，才会走向成熟，才能走向幸福。

那些逃离寂寞的女人，守不住精神的底线，往往会成为道德的叛徒，最后跌入无法自拔的深渊。真正经历过寂寞的女人都明白，寂寞从表象上看是折磨人的利器，事实却能磨炼女人，让女人成长。

跨过寂寞这道坎，女人就真正地成长了。因为寂寞，她们学会了很多，去除了依赖心理，独立自主，真正地走向了成熟。

女人迈过寂寞这道坎，风景那边独好。

人生感悟：忍受住寂寞并在寂寞中成长的女人，才会拥有精彩的人生，生活才会更有意义。她们会让心灵在寂寞中洗涤、净化、升华，让生命之花灿烂绽放。

5.孤单是一个人的狂欢，狂欢是一群人的孤单

央视有段广告，有很多个玻璃瓶子，每个瓶子里都装了一个泥塑的人，设计者将每个瓶子按照电脑键盘的样子摆放。广告意味深远，意为不要让网络割断了人与人沟通的世界。网络越来越发达，越来越普及，21 世纪的女性也越来越习惯依靠各种网络通信工具联系。

然而，在现实生活中，很多女人却疏于与人沟通，无论是亲情友情，还是爱情，它们渐趋淡化，被网络日益剥离开来。

也许很多女人都有这样的时刻：总喜欢上线跟陌生人聊天，跟不认识的人聊生活、聊感情会觉得安全，而且很多时候上线了却选择隐身，不去打扰别人，也不愿被别人打扰。也有时候拿起手机，会把联系人从第一个翻到最后一个，想发条信息打个电话，却找不到合适的朋友。如果以上境况中有一种与你对上号，那么，恭喜你，你正被寂寞所困扰，正在进行一个人的狂欢。

也许一个人孤单寂寞得太久了，你便想跟儿时的一大群

小伙伴坐在一起，喝酒、聊天，甚至喝歌。可是，你本来想说什么，可是，望着那些浓妆的女子，她们曾是你的好朋友，你朱唇终于翕动着又紧闭了起来。原来狂欢是一群人的孤单。

“孤单是一个人的狂欢，狂欢是一个人的孤单。”女人，你是不是也觉得越长大越孤单，越长大越不安。成长或许就是如此！

人生感悟：女人要学会适应孤单，在孤单中寻找生活的乐趣和意义；女人要学会与自己独处，独处是一种本领。当一个女人学会了独处，体会了寂寞孤单，浑身上下必然散发出成熟的魅力。

6. 在寂寞中学会独立

有个女性朋友说：女人恋爱后再失恋，那种寂寞是没办法熬的。婚恋专家总在警告女人，在没有找到你的男人以前，女人要像男人一样活着。其实不然，有多少女人恋爱以前坚强独立地活着，在找到心爱的男人后忽然变得没有主见，敏感多疑，优柔寡断。她们解释说自己没有安全感。她们会担心他们不爱自己，甚至不知道这段恋情能持续多久。

女人在恋爱前信誓旦旦地说要独立坚强，做自己的自动取款机，结果这一切誓言都败给了感情。当一个女人过分依赖一个男人时，他们的恋情离分手也不远。因为男人喜欢自由自在，不喜欢被束缚。所以，女人的过分依赖会让他避之不及。他们以为自己承担不起这样的感情，他们怕女人索求太多。他们是这样的动物，遇到不可调和的矛盾会躲进自己的洞穴里。女人越是苦苦挽留，男人越是想逃离。经过一段时间的拉扯，男人终于还是离开了。

当男人离开以后，有些女人借酒买醉，喝得烂醉如泥躺在床上，傻傻地盯着天花板，放声哭泣；也有些女人为了排遣寂寞一个劲地找陌生人聊天。她们迫切地寻找下一段可以替代的感情……这一切都因为女人不够独立，无所依靠。

经过一段时间的沉寂，失恋女人在自己的世界里独自演绎着人生的落魄。某一天，她突然长大，也真正地明白：人生终究逃不过寂寞，女人应该在寂寞中独立。

一个女人没有独立的人格，就谈不上拥有幸福的爱情。因为不能独立的女人通常都爱患得患失。而患得患失的人怎么有悠然的心去享受爱情呢？

所以，女人应该感谢失恋的这段寂寞日子，因为独处的时间才有机会重新认识自己，也让你真正地长大。所以，女人应该在这样的日子里找到新的人生目标、工作目标，开发新的兴趣。当你有能力让自己开心的时候，也许那时候的你才有能力迎接下一段感情。

人生感悟：女人，不要因为寂寞放纵自己，更不要因为寂寞伤害自己。寂寞是一段绝佳时机，它能给你更多机会去学习，去提升，去磨炼，去成长，让你成长为一个独立自主的女人。

7. 在寂寞中韬光养晦，终成大器

不同于过去，越来越多的女人开始游走于社会。在社会这个大家庭里，女人们扮演着至关重要的角色。她们可以不漂亮不温柔，但必须耐得住寂寞，必须懂得在寂寞中韬光养晦。职场如战场，女人要想成为最后的胜利者，女人不仅要懂得提升自身实力，还要善于隐藏自己的才能。

刘嘉玲之所以能取得今天的成就，是因为她最初在寂寞中韬光养晦，然后集众人才能于一身。

二十多年前她还只是苏州的一个青涩女孩，后来去了香港。香港这座国际化的大城市，让这个来自江南水乡的女子有点手足无措。她听不懂粤语，更不会说。

有一天，她觉得演戏很好玩，最重要的，是能赚钱。她便跑去报了个培训班。导演看着她，摇摇头，你连基本的粤语都说不好，怎么演戏？

刘嘉玲似乎有点受伤。回去以后，她买来很多粤语碟片，不停地一遍又一遍地看着，同时打开电视，看新闻，模仿主持人说话。每天醒来的第一件事，就是打开电视听香港人说话。半年过去了，她再次找到当时的导演，这次他们交流的是粤语。

刘嘉玲说起粤语来没一点磕巴，导演惊讶极了。

她成功地演上了戏，虽然导演很看好她，想安排她扮演一个角色，但她更愿跑龙套。跑龙套一来可以暂时隐藏她的演艺才能，当她把自己放得很低时，别人就不会把当她当作竞争对手；二来，她可以向大家请教、学习，认真地揣摩别人饰演的细微之处……正是她这段时间的“韬光养晦”，她成了娱乐圈的“大姐大”。

当所有人都争相表现自己的才能时，那些真正有才能、有智慧的女子却懂得隐藏自己的锋芒，在寂寞中韬光养晦，在寂寞中眼观四方、耳听八方，集众人才能于一身，在寂寞中获得真正的成长。

人生感悟：女人在走进职场的那一刻，就应该明白：职场如战场，要想在职场中生存，要想在职场中提升自我，在职场中取得一番成就，就要学会在寂寞中韬光养晦，否则就会走向溃败。

8. 战胜心灵寂寞，人生从此不再难过

很多明星、亿万富婆，都不敢一个人逛街、吃饭；很多年轻女人，没有爱人陪伴，就不敢单独出门；很多中年女人，没有丈夫的支持，便不能单独去闯一片天地；很多老太太，只能独自伤心落泪。

在这个世界上，任何一个女人都是寂寞的，因为寂寞并不怕名誉地位或者有形的物质。心灵的寂寞，痛苦无边，有时候是无法诉说的。但这并不可怕，可怕的是对一切没有兴趣。如果一个女人对任何事情都提不起兴趣，那她怎么能挑战心灵寂寞，又怎么能享受生活。

心灵寂寞的女人容易迷失自我，因为她们没有远大的人生理想，也就没有了人生方向。一个女人只有给自己树立崇高理想，找到自己前进的方向，并充实自己的精神生活，努力地实现自己的理想，她才能战胜心灵寂寞。那么女人应该如何实现自己的人生理想呢？

女人应该将人生理想分为几个阶段，比如，最近三年要达到什么目标，再往后三年又要达到什么目标，以此类推，

最终达到什么目标等，将抽象的目标具体化，落实到每一天。

除此以外，女人还要学会鼓励自己。每实现一个小目标就鼓励自己继续前进。在实现小目标的过程中，你就能体会到一种成就感。这种成就感就是你实现最终目标的动力。

当你的目标制定得明确而具体时，你每天都会过得很充实，自然就能战胜心灵的寂寞。

能在孤独寂寞中完成使命的女人是成功的。如果你不仅领略过真正的孤独与寂寞，还用自己的意志、力量和智慧战胜过寂寞，在战胜寂寞的过程中，你体会到了成就感，坚定了信念。此时，你就会发现人生并不难过。

人生感悟：寂寞是人生旅途中最忠实的伴侣，它像烟像雾，时刻围绕着女人，挥散不去。它像藤缠树、树绕藤，与女人的人生相依相伴，互附终生。女人，在寂寞中实现自己的人生理想，当你梦想成真时，你也就战胜了寂寞。

9. 寂寞带你去散步

现代女人的生活压力越来越大，不谈别的，光是房子就能把女人压得喘不过气来。对女人来说，房子意义非凡，它不仅仅是一个可以遮风避雨的场所，更是女人安心的地方。因此，没房的女人拼命挣首付，像《蜗居》里的郭海清；有房的女人还想买第二套房。然而，在这个高房价的今天，没房的女人苦恼，有房的女人也痛苦。没房的女人说自己没钱买房，有房的女人说购二套房要收税。

女人这一辈子都会为没钱发愁，会为有钱怎么花发愁，恋爱要发愁，工作要发愁，结婚生孩子更发愁，这其中有太多情绪需要女人自己调整处理。女人每天都生活在压力无比巨大的“围城”里，自然会生出许多寂寞。这个时候，女人，让寂寞带你去散步，你带寂寞去散步。

独自一个人沿着小河边走，清澈的溪水静静地流，小鱼在河里自由自在地游来游去，河边的小草在风的吹动下摇曳着身姿，花朵含苞欲放，像一位害羞的姑娘……你伸手捧起一捧水，清凉的溪水洒在你的脸上，你顿时感觉清爽无比；你弯腰闻一闻那含苞待放的花儿，沁人心脾的花香让你神清气爽。

女人，你有多久没有放下手中的工作来到郊外这样放松过，有多久没有这样停下匆忙的脚步欣赏大自然的美景，有多久没闻一闻沁人心脾的花香？你怎么也不会想到，这正是寂寞所赋予你的闲暇时光。

如果没有寂寞，你匆忙的脚步就不会停下来；如果没有寂寞，你就不会拥有出世的心态，就不能抛弃喧嚣的城市来静享这静谧的时刻；如果没有寂寞，你或许根本就没注意到眼前美丽的风景。

当一个女人懂得抛弃喧嚣，以一颗出世的心态散散步，你就获得了另一种成长。这种成长将会带给你幸福快乐的人生。

人生感悟：寂寞带你去散步，你带寂寞去散步。女人，在散步这段时间里，寂寞会让你静下心来欣赏眼前的风景，会让你拥有出世的心态。如此，你就获得了另一种成长。

10. 距离寂寞还有几步远

男人的人生充满了诱惑，女人的生活充满着寂寞。没有哪个女人敢说自己不曾寂寞过，寂寞距离她们仅几步之遥。它一直都围绕在女人身边，准备伺机而动。寂寞有时像个顽强忠诚的斗士，跟在主人身边，不离不弃。谁能战胜寂寞，谁就拿到了通往前方的通行证。谁能战胜寂寞，谁的人生才可能完满。

李清照说：“昨夜雨疏风骤，浓睡不消残酒。试问卷帘人，却道海棠依旧。知否？知否？应是绿肥红瘦。”这个生活在风雨飘摇的动荡年代的女词人，与丈夫赵明诚几经离散，这种国破家亡的离愁别绪反映在她的词里，读出来总有那么浓厚的惆怅。寂寞无疑是她唯一的伙伴。她总是试图通过“沉醉”“浓睡”的方式来排遣这种无尽的忧思。却不知，没有寂寞，她哪里能创作这么多优秀作品啊。

有的女人所以爱静，正是为了找到自己，倾听内心真正的声音，使自己不再寂寞。有时她们寂寞，因为总在固执己见，对别人缺少同情和爱心。有时身在热闹繁华的都市，风光无限的背后也总难免寂寥。寂寞是与生俱来的，虽然每个人都不想与它相伴，但只要活在这个世上，就逃不开寂寞的纠缠。可是，当困难和重负压弯你的脊背，当希望和梦想与你南辕北辙，当遥远的目标在生活的泥潭里陷得快看不见时，寂寞就会不约而至。它喃喃细语，它浅吟低唱，它抚慰你，它化作万般柔情，柔柔地，像清风，亲吻你的脸……

孔子曾说，观察一个人能否成大事，只要“视其所以，观其所由，察其所安”就可以了。在淡漠寂静中能否心神合一是关键。先看他言行的动机，再观察他所走的道路，考察他安心干什么。这样，这个人是怎么也隐藏不了的。所谓“安”，即心绪宁静。宁静，是与轻浮躁动截然有别的人格修养，是一种厚积薄发的蓄势。只有心境平和的时候，人才能专一，这时候的人才能从从容容、心无旁骛地干好一件事。如此说来，成就大业的人无一不经过寂寞的考验。

人生感悟：寂寞时刻就在女人们身边，在离她们不远的位置，它正踌躇前进，你反感它时，它安静地待在原地。你需要它时，它会倾入你怀抱，给你安慰。寂寞，有时候真是一个好朋友啊。

11. 用心体会，寂寞不止一种味道

阿拉伯人说茶有三味，一曰苦，苦苦坚持；二曰甜，甜似爱情；三曰淡，淡如生命。大多女人的人生境遇，就像饮这杯茶，有苦有甜，若能以淡定之心，慢慢细品，也许能咂摸出更多的滋味。

很多女人都认为寂寞苦，都认为寂寞让人难以忍受。其实，如果寂寞如同茶一样，假如你能用心去体会，你会发现寂寞不只一种味道。

宋美龄的晚年是寂寥的，年轻时，她跟随蒋介石风光无限。蒋介石死后，她的政治权力削弱，于是选择远走他乡，赴美隐居。

她一个人住着美国纽约长岛蝗虫谷的大房子，隐居的生活无疑是孤独寂寞的。她虽很想念逝去的丈夫，然而却以为

这样生活是别样的恬淡。她有时开车到曼哈顿参观画廊和艺术馆，闲暇时分就画画，有时练练毛笔字。她爱读《圣经》，也爱祈祷，这是她每天的必修课。对宗教的信仰是她永恒的精神寄托。

也许在大多数女人看来，一个人的晚年生活寂寞难耐，但宋美龄却体会出寂寞的另一种味道，原来寂寞也可以是恬美的，也可以让人活得轻松自在。

能不能品味出寂寞的另一种味道，关键取决于女人的心态。女人的心态决定她们的生命状态。就像恋爱会使人变美，心情美丽与否决定着我们的精神面貌。推而广之，当她们身处寂寞时，苦恼伤心抑郁，甚至逃避都不是最佳的应对举措。聪明的女人，会像宋美龄，用心细细体会寂寞，在寂寞中将生活过得有滋有味。

人生感悟：女人必须记住：心灵的磁场是强大的，当你发出一种信号，整个宇宙都能接受并感受到。如果你发出的是正面能量，它反馈给你的就是正面信息。如果你给它太多负面信息，请别怪上帝，他将封锁你所有的解决之道。所以，当你认为寂寞是美丽而又光亮的，那么你的生活就是快乐幸福的。

第三章

品味寂寞，在寂寞中认清真实的自我

寂寞是一轮有群星环绕的明月，身处繁华却孤独清冷；寂寞是一棵被沙漠包围的胡杨，置身荒凉却坚韧顽强。女人要学会品味寂寞，在寂寞中认清真实的自我，因为寂寞代表着安静，代表着你可以审视自己的内心。

1. 忙忙碌碌，凄凄惨惨戚戚

在看《蜗居》这部电视剧时，里面有一句话深深地吸引住了我，那句话的大概意思是这样：在这座拥挤的城市中，有时候即使自己不想前进，也会被别人推着前进。

在这个快节奏的年代，女人作为新时代崛起的中坚力量，为了房子，为了车子，为了那数得哗啦啦响的票子，女人也必须马不停蹄地前进。

张晓菲对此深有体会，她每天早上在闹铃的再三催促下，缓缓地睁开了双眼，来不及欣赏那轮冉冉升起的红日，匆匆洗脸、刷牙、画妆，然后背上包，甩门而去。离开家来到公交车站，那里早已排满了长长的队伍，终于，在最后一秒钟迈进了公司的大门。刚坐在椅子上，顾不上汗流浃背，就打开电脑开始一天的工作。一天八个小时终于忙过去了，晚上回到家中，疲惫不堪的她倒头就睡。

这样过了好几年时间，张晓菲因为工作业绩突出，不仅获得升职，生活水平也提高了。她终于实现了自己的梦想，有房、有车、有票子。可是，一天晚上，张晓菲突然感觉自己身心疲惫，她好想逃离这样忙碌的生活，好想有一个温暖的怀抱抱着自己。望着空洞洞的房子，她突然觉得自己很凄惨，因为一个人的家总是寂寞的，她是那么渴望有一个温暖的家，有一个疼爱自己的老公，有一个活泼可爱的儿子。可是，她转眼已三十好几，早已错过了谈恋爱的青春年华。每当想起这事，她总是长长地叹一口气。

在这个喧闹的城市，很多女人每天就这样忙忙碌碌地生活着，她们不知道自己每天在忙什么，更不知道自己为什么而忙，只知道自己必须马不停蹄地前进。

其实，有时候，女人真的需要给自己一点思考时间，冷静地想一想自己需要的是什么，到底想要过什么样的生活。只有明白了自己真正想要的是什么，青春才不后悔。

所以，女人应该在百忙之中，停下脚步，看那月明星稀，看那花开鸟飞；品一杯清茶，用心感受生活的味道。

人生感悟：越是忙碌的女人越需要静下心来安静地想一想，想一想自己到底需要什么样的生活。一个女人只有想清楚自己真正想要什么，才能朝自己的人生方向前进，青春才不会后悔。否则，终日忙忙碌碌，却落得凄凄惨惨戚戚。

2. 姐抽的不是烟，而是寂寞

一个打扮时髦的女人穿着短裙，跷着二郎腿，两只手指夹着一支烟，一圈又一圈的烟雾从她的嘴里吐出来。也许有人说这样抽烟的女人是优雅的，是美丽的，是成熟的，是风情万种的，是值得回味的……可我想说，抽烟的女人抽的不是烟，而是寂寞。

李林娜曾经是一个善良单纯的女孩子，自从认识那个男人以后，她开始与烟相伴，成了一个像烟花一样美丽而寂寞的女子。

那个男人曾在她面前一根接一根地吞云吐雾，他年轻而帅气的脸庞在烟雾中看起来是如此颓废、如此忧郁、如此茫然，她的心像被揪了一样痛。

后来，这个男人离开了李林娜，李林娜不经意间也点燃了一支烟。每当夜深人静时，每当想他时，她总会点起一支烟，像他那样一根接一根地吞云吐雾。好像只有烟才能麻痹她的大脑，让她忘记所有的不快，让她忘记他的音容笑貌……

她知道抽烟对自己身体不好。多少次，她曾掐灭烟头；

多少次，她曾将烟狠狠地扔在地上。可是，她很清楚她扔掉的只是烟，却扔不掉对他的思念。每当寂寞难忍时，她总是忍不住要吞云吐雾一番，让一切的不快都随烟飘散。但似乎一切都是徒劳，在烟里面她只能找到颓废与放纵。

有人说她抽烟很美，可她知道那不过是颓废的美；有人说她抽烟有魅力，她很清楚自己脸上流露出的更多的是沧桑。

望着阴晴圆缺，李林娜习惯看着烟一圈一圈地燃烧。她知道自己点着的是烟，燃的是寂寞，是生命。尽管如此，她依然在寂寞的夜晚，点燃一支烟，在黑暗的角落里品尝着寂寞。

每个抽烟的女人都是有故事的，她们用烟燃烧着内心的寂寞，将内心的忧伤随着烟雾变得虚无缥缈。

人生感悟：每一段感情的逝去多少都会留下些许寂寞，可是，女人应该明白：烟并不是缓解寂寞的良方。相反，越抽烟，内心就会越寂寞。所以，女人在面对寂寞时，应该学会品尝寂寞，而不是在烟雾中逃避寂寞。

3. 不在寂寞中爆发，就在寂寞中沉沦

人生在世，没有哪一个女人不被寂寞所困。可是，寂寞对女人来说，就像一把双刃剑，不在寂寞中爆发，就在寂寞中沉沦。

有些女人在被寂寞围困时，总是顾影自怜。也许女人天生就是一种怀旧的动物吧！在月影斑驳的夜晚，她们点燃一支烟，总是去怀想那些逝去的旧情。怀想得越多越久，寂寞就越深越重，最后逐渐在寂寞中沉沦。

而有些女人在被寂寞围困时，把寂寞当作一剂清醒剂，在寂寞中认清自我，从而成功地走出寂寞，更好地面对喧嚣的尘世。当寂寞不再时，生活就向她们露出了笑脸。

旷世才女林徽因正是因为在寂寞中取得了突破，认清了真实的自我，更认清了自己的爱情，她才能幸福一生，才能流芳百世。纵所周知，林徽因 16 岁时，随父游历欧洲。在异乡，没有朋友，只有父亲陪伴的她也一定是寂寞的。在这个寂寞的时候，她结识了徐志摩。

在与徐志摩的交谈中，林徽因对新诗表现出了浓厚的兴

趣，又被徐志摩渊博的知识、风雅的谈吐、英俊的外貌所吸引。而徐志摩也被林徽因出众的才华与美丽所吸引，并为她写过很多情诗。尽管他已是一个两岁孩子的父亲。

当爱情降临在林徽因头上时，她没有立即去接受，而是一遍又一遍地问自己："我真的爱他吗？"经过自我审视，她发现自己对徐志摩是崇拜，并无爱情，而且还认为徐志摩也不是真正地爱她。多年以后，她曾对自己的儿女说："徐志摩当初爱的并不是真正的我，而是他用诗人的浪漫情绪想象出来的林徽因，而事实上我并不是那样的人。"

最终，林徽因放弃了徐志摩，转而嫁给了志同道合的梁思成，夫妻二人致力于他们所热爱的建筑事业。不仅对科学研究作出了巨大的贡献，还使古代建筑开始走向世界，为世人所知。

林徽因，既耐得住学术的清冷和寂寞，又受得了生活的艰辛和贫困，最终成为我国著名的建筑学家和女作家。

在寂寞中审视自己的内心，弄清楚自己是不是真的爱他，他是不是真的爱自己？这是每一个女人在恋爱时都必须学会的一门学问。一旦认不清楚，那么走错一步，就会满盘皆输。

人生感悟：女人，在寂寞中沉淀，在寂寞中认清自我，学会品尝寂寞，学会走出寂寞，把生活调节得有滋有味，那么你就一定会是一个幸福的人。如果女人耐不住寂寞，不能在寂寞中认清自己，就会在寂寞中沉沦，香消玉殒。

4. 学会与自己对话，终不会寂寞

在繁华的都市里，身边有一些朋友每个月总会抽几天时间去寺院，找一间屋子单独禅修，其中不乏一些女性朋友。面对他们奇怪的举止，不信佛的我曾百思不得其解。

终于有一天，我鼓足勇气问一位年龄较大的女性朋友："你为什么要去寺院禅修?"

朋友简单明了地回答道："是为了去与自己对话。"

"与自己对话?"这句话似乎瞬间触动了我的心灵。

朋友见我有所感悟，又解释道："一个女人只有与自己的心灵来一场对话，她才能明白自己真正的想法、真正的需要、优势与劣势等，这种交谈并不是形而上的，其目的是认识真实的自己。"

"那你一个女人在寺院中与自己对话，你不觉得寂寞与冷清吗?"我又问道。

"一个与自己对话的女人要的就是这种寂寞。因为只有在寂寞的时候，她才能真正地排除干扰，认识内心真实的自己。可以说，一个真正能与自己对话的女人，终不会寂寞。"

朋友这句话与我产生了一种共鸣。我想起我那段独处异乡的时光。那时的我 20 岁出头，正值青春年华，没有亲人，没有朋友，倍感寂寞。每当夜深人静时，我总是蜷缩起来，静静地感受着夜的黑。

经过无数次黑夜的催促，我决定将自己的寂寞诉诸笔端。每当寂寞侵袭我的灵魂时，我便拿出笔、拿出笔记本，将心里那一方寂寞化成文字。后来，我便养成写随笔的习惯。通过这些文字的呈现，我看到了真实的自己，也看到了自己的爱好。此时此刻，我才感受到写文字其实也是与自己对话的一种方式。正是通过这种对话，我才找到了自己前进的人生方向。

人生感悟：女人学会与自己对话，终不会寂寞。所以，青春貌美的姑娘啊！当你寂寞时，就算你一无所有，你也可以与自己的灵魂来一场对话。在这场对话中，你能更清楚、更客观地认识自己，看到内心真实的想法，不被其他的事物迷住双眼。

5. 没有在深夜痛哭过的人不足以谈自我

痛苦是一架梯子，是通向成功殿堂的路径。但凡成功女士，都曾在深夜中撕心裂肺地痛哭过，她们用泪水洗刷自己的过错，她们透过闪闪泪光看清自己的真面目。

现在很多女人都用着香奈儿香水吧！自然也一定很了解它的创始人香奈尔。香奈尔的一生，表面上看起来闪烁着熠熠光辉，还充满着浪漫传奇色彩，实际上痛苦却贯穿她一生。

香奈尔童年很不幸，母亲的去世几乎让她成了一个孤儿，正是童年的艰苦生活造就了她坚强的意志力。长大后，香奈尔楚楚动人。1910 年，她与一位年轻帅气的男子童子卡保恋爱了。

在童子卡保的资助下，香奈尔开创了自己的事业。她的事业从“头”开始，她设计了简单大方的女帽。紧接着，她又设计了打破传统的第一款“香奈尔”装。香奈尔的服装坦率、自由，裙子为齐膝短裙，上衣为宽松直线形外套，简朴得像男装一样。

就在香奈尔事业蒸蒸日上时，她这一生最爱的男人童子卡保却因车祸去世了。与此同时，香奈尔也屡遭批评，波烈撰文讥讽她创造了一种“高级的穷相”。

在爱情与事业失败的双重打击下，香奈尔在夜深人静时，终于忍不住心中的悲痛痛哭了起来。在闪闪泪光中，她仿佛看见爱人童子保卡在对她微笑，劝她不要过度悲伤，过去的就让它随风飘散；在晶莹的泪花中，她仿佛看见那些讥笑她的狰狞面孔。

香奈尔没有就此倒下，而是在寂寞的深夜里，经过痛彻心扉的痛哭后，重新站了起来。她擦干了眼泪，对着镜子努力挤出了一个微笑。她知道爱人已走远，只能将深深的思念埋藏心中，她必须尽快走出悲伤；她明白不管别人怎么抨击她，她都必须继续前进，因为她所做的一切都将开创一个新的时代。

经过深夜的痛哭，香奈尔擦干眼泪，坚定信念，继续前进。最后，终于享誉全球。

每一个在黑夜痛哭的女人，都有她自己不愿让别人知道的挣扎。正是通过这种挣扎，女人才能更好地认清自己。没有在深夜痛哭过的女人不足以谈自我，女人啊！如果你想哭，就大声地哭出来吧！你的泪水将为你带来辉煌的人生。

人生感悟：黑夜里的痛哭，比悲伤更哀痛，但人生就是痛苦与幸福的综合体。女人，深夜时，你想哭，就大声哭出来吧！也许谁都不能理解你的寂寞与痛苦，但至少有黑夜聆听你哭泣的声音。夜很长，但只要熬过去，天就亮了！

6. 战胜寂寞低谷，让自己强大起来

当一个女人处于人生低谷时，她是寂寞的，也是脆弱的。有些女人选择上网聊天，打发这寂寞难耐的时光；有些女人在袅袅烟雾中消遣寂寞；有些女人则在深夜里买醉；唯独有些女人收起那颗脆弱的心，在浩渺的书海中充实自己。

她是我见过最成功的一个女孩子，明媚动人。那年，我们相识在那个萧瑟的秋天。来自异乡的我们有一种同是天涯沦落人的感受，两颗寂寞的心灵相互安慰。

就在那年冬天，她相恋三年的男友离她而去，她整天在我耳边唠唠叨叨她是不是不够好，他为什么要离开她。因为她过度悲伤，工作中又出了错误，被公司解雇了。那是她人生中最寂寞难忍的日子，我们住在同一间小租房里一起挣扎。

为了生活，她很快找了一份仅够生活的工作。自从有了新工作，她突然焕然一新，每天早早起来，背诵英语，下班回来后，她不再唠叨，也不再整天泡在网上等她的那个他上线，而是独自坐在台灯下，在浩渺的知识海洋中遨游。半年后，

她又恢复了曾经的笑容。

因为工作出色，她已升为主管。现在，她不仅是一个幸福的妻子，还是一家公司的老板。每次相聚时，我们都会谈论我们那段共处的时光。而她则微笑着说："我能有今天，感谢那段寂寞难耐的时光，它不仅让我认识到我的脆弱，还充实了我的生活，更使我的内心真正地强大起来了。"

在她的身上，我学到一点：女人要想战胜寂寞低谷，就必须让自己内心强大起来，做自己喜欢做的事情，丰富自己的生活。不管什么时候，都必须找到让自己双脚坚定地踩在大地上的理由。

人生感悟：女人在寂寞难耐时，上网聊天、吸烟、喝酒都只是逃避寂寞的方式，并不能真正地驱散内心的寂寞。女人要想战胜寂寞低谷，唯有从书本中吸取知识，让自己内心强大起来，让生活充实起来。

7. 直面寂寞，你才更完美

对那些害怕寂寞的女人来说，寂寞是上天设下的死亡陷阱，是让自己心烦意乱的根源，是让邪念侵蚀自己灵魂的魔鬼……然而，对那些勇于直面寂寞的女人来说，寂寞是一剂静心的良药，是洗涤心灵的清洁剂，是完善自我的良师益友……

直面寂寞，在寂寞中绽放女人独特的魅力，在寂寞中散发女人的芳香，在寂寞中超越自我、完善自我。

《甄嬛传》曾热播一时，看过这部电视剧以后，里面有一个片段给我留下了很深的印象。电视剧中的女主人公甄嬛因为得知自己得宠不过是因为长得极像已故的纯元皇后，顿时心灰意冷，当家人受此牵连而被流放宁古塔时，甄嬛选择出宫至甘露寺修行。

修行是清苦的，修行是寂寞的。也许寂寞就是一场修行。在甘露寺这段时间里，甄嬛每天与青灯相伴，吃着粗茶淡饭，忍受着寒冷，企图默默地用残留的岁月，安抚自己这颗支离破碎的心。

然而，破镜难圆。在这段寂寞难耐的日子里，甄嬛慢慢抚平了自己受伤的心，却深深地意识到一点：在深宫里，单纯善良丝毫没有立足之地，“愿得一人心，白首不相离”的愿望不过是一个不会成真的梦。后来，种种机缘巧合促使她回宫时，甄嬛丢掉单纯的外衣，成为一个善于谋权的深宫妇人。最后，成功地打败华妃、皇后，成为至高无上的圣母皇太后。

正是这段寂寞岁月成就了甄嬛的辉煌人生。可见，女人只要你敢于直面寂寞，那么你就会在寂寞中看清自己的弱点，就能在寂寞中提升自己，完善自己。

人生感悟：寂寞如清泉般透明，哗哗轻唱却歌声悠扬。女人不要害怕寂寞，不要做寂寞的逃兵，而应该学会直面寂寞。直面寂寞，你才有提升自我的机会，才可能变得更完美，你的人生才会更辉煌。

8. 寂寞让你走出迷茫，看清前进的方向

有一句话说："人最难的是看清自己。"是的，当一个女人的内心沾满尘土时，她就无法看清自己，这就好像一面镜子，假如沾满灰尘，那么就不可能清晰地照出物体的形貌。女人看不清自己就难免会感到迷茫，迷茫的她们自然就会感觉前面雾蒙蒙的一片，看不见前进的方向。

有一位女同事曾对我说："如果你感到迷茫，就放下一切，带着简单的行李去体会一下寂寞的味道。在这段时间里，你一定可以看清前面的道路。"

接着，她给我讲了她的故事。她，一个倾国倾城的女子。

那年，她大学毕业进入社会工作，公司老总对她穷追不舍，给她买漂亮衣服、钻戒，带她去高档场所吃饭，而且在工作中处处照顾她。她终于经不起诱惑，悄悄地跟公司老总谈起了恋爱。尽管公司老总已有妻，有子。

她本想跟男友分手，可是她心里还爱着他，放不下他。但是，她又无法拒绝公司老总的热烈追求。

就这样，她脚踩两只船。可是，她过得一点都不开心，她既担心男友有一天发现了，会离开自己，又担心公司老总知道。这种担心把她折磨得身心疲惫，也越来越迷茫。终于有一天，她再也无法承受这种心理负担。

于是，她请了一个月的假，收拾简单行李，关掉手机，独自来到一个地方。在这一个月的时间里，她静静地待在那间小屋里，一遍又一遍地问自己："到底是爱情重要，还是金钱重要？"经过一个月的苦苦思索，她终于明白：爱情是无价的。回来后，她从公司辞职，一心一意地经营自己这份爱情。

现在，她什么都有了，不仅有一个幸福温暖的家庭，还有一份令人羡慕的工作。

在这个社会，有太多的东西诱惑着女人，比如金钱、钻戒、高薪工作等，在物质与爱情之间，常常让女人感到迷茫不已。女人，当你感到迷茫时，不妨给自己一段寂寞的时光，给自己一个静心的机会。这样，你就能走出迷茫，就能看清自己，就能看清前面的路。

人生感悟：谁的青春不迷茫？年轻貌美的女人，如果你感到迷茫不已，如果你看不清前面的道路，如果你不知道自己应该何去何从，那么就让自己寂寞寂寞吧！给自己寂寞的时间，就是自己清醒的机会。

9. 走错了方向，停止就是前进

那年夏天，我和所有意气风发的年轻女子一样，急于脱离亲人的怀抱，选择去远方实现自己的梦想。于是，我拖着行李箱，独自踏上了北上的火车。

在轰隆隆的火车声中，我只身来到了北京这座城市。走在这条繁华的大街上，总以为这里处处都是机会。只要自己想干，就一定能干出个样。于是，我开始努力找工作。经理助理、文秘、行政专员、店长、管理员等。

可是，处处碰壁以后，才发现梦想很美丽、现实很骨感。为了生活，我去服装厂做过工人，当过酒店服务员，又做过排版，最后又做过房地产销售员。不管哪一份工作，我都觉得它不适合自己，做了两三个月后，就辞职了。

失业的自己又站在了一个十字路口，用迷茫的眼神四处张望，不知何去何从。望着那一条条充满荆棘的小路，我停住了前进的步伐，回想着这两年来的点点滴滴，发现自己一直在马不停蹄地找工作，却不知道自己擅长什么，不知道自己适合什么工作，更不知道自己能做什么工作，一直都像一头小鹿一样被生活逼得四处乱窜。假如我当初没有轻易地辞去第一份工作，而是等到年后，这时找工作的机会就会多很多……假如我不是一时兴起，随心所欲地找工作，也许……假如我没有好高骛远，从基层干起，也许……

想着这些，两年来，我流下了第一滴悔恨的泪水。夜深人静时，我审视自己的内心，发现自己一直比较喜欢阅读，而且还喜欢写很多随笔。如果能从事自己喜欢的工作，那工作起来一定不会乏味，而且还很有干劲。于是，我把目标定在了编辑这个职位上。

通过几轮面试，我成了一名编辑。从那以后，为了弥补自己的知识缺陷，我把每个周末的时间都花在了图书馆与书店中。三年后，当我手捧着我的第一本作品时，就像捧着自己的孩子一样。我的眼角不由自主地蓄满了激动的泪水。那一刻，我才明白一个道理：当人生走错了方向，停止就是前进。

女人，在人生的道路上，你是否也曾像我一样，像一只小鹿一样横冲直撞，忙忙碌碌，却从没停下来，回过头去看看自己走的这条路能否到达自己的目的地。当你停下来时，你就会发现自己走的方向到底对不对。如果走错了，那么停下来就是前进。

人生感悟：女人，在你匆忙赶路时，你是否想过你应该前进的方向在哪里？你所前进的方向是不是错了，也许连你自己都不清楚。此时，女人只有静下心来，审视自己的内心，弄清楚自己内心真正的需求。这样，你才能及时刹住前进的步伐，才能找到正确的人生方向。

10. 品味寂寞，去除浮躁

当四周的一切都陷入静谧时，只剩下一片月华，一缕情怀，很多女人的内心暗香浮动，难免会因为想念某些人而寂寞难耐。

然而，想得越多，就越寂寞。这时，寂寞就像那吞云吐雾的大烟，让众多女人上瘾。她们渴望摆脱这种寂寞，不管谁在这时候给她们些许安慰，她们就立即抓住他。这无异于溺水者抓住一根稻草，放心大胆不再挣扎时，却已在寂寞中越陷越深。

其实，寂寞时，只有自己能拯救自己，要想自己拯救自己，就必须学会品味寂寞、去除浮躁。因为浮躁是一剂毒药，它像蛀虫一样，在你毫无知觉时，一点一点地侵蚀着你的灵魂。这就好比温水煮青蛙一样，最后让你无力挣扎。

浮躁的女人不可能取得任何成就，因为你总是急功近利；浮躁的女人不可能获得幸福，因为你没有心情来品味幸福的味道；浮躁的女人不可能高雅，因为你没有时间来修身养性。

品味寂寞，去除浮躁。这是一个心灵修炼的过程，更是一个内心升华的再造结果。所以，女人不要因浮躁失去方向感，不要让浮躁成为成功的包袱，更不要因浮躁迷失自我。

浮躁是一个恶魔，女人只有击败这个恶魔，你的心里才能保持一方净土，你的生活才能变得安定，你才能获得快乐和幸福！

人生感悟：浮躁是女人幸福成功的大敌，是女人务实发展的大忌。女人，学会品味寂寞，远离浮躁。当你真正脱去浮躁的外衣，放下喧嚣的行囊时，你就会发现生活竟是如此美好！

11. 在寂寞中唤醒沉睡的巨人

伟大的成功学大师安东尼·罗宾对人的潜能总结道：“大

自然赐给每个人以巨大的潜能，但由于没有进行各种智力训练，每个人的潜能因此而从未得到过淋漓尽致的发挥；并非大多数人命里注定不能成为爱因斯坦式的人，任何一个平凡的人都可以成就一番惊天动地的伟业。人人都是天才，至少天才身上的东西，都能在普通人身上找到萌芽。”是的，人人都有巨大的潜能，女人也不例外。所以，女人更要努力唤醒自己内心沉睡的巨人。

张幼仪，是被封建礼教束缚的传统女性，也是中国一个成功的女银行家、女企业家。她的一生充满困苦与传奇色彩。

张幼仪与徐志摩的婚姻是媒妁之言，但徐志摩从心里看不起这位“土包子”，即使在她已怀有身孕的情况下，他依然提出了离婚，而张幼仪毅然同意。也许连她自己都不曾想到，这段经历让她一夜长大，羞怯少女转身成为铿锵玫瑰，就算风雨琳琅，她也无所畏惧，真正演绎出人生的精彩。

离婚后的张幼仪是悲痛的，也是寂寞的。在人生这段最晦暗的时光里。她没有哭哭啼啼，也没有整天唉声叹气，而是化悲痛为力量。她很清楚自己没什么知识文化，也知道自己呆板乏味，是一个即将被社会淘汰的传统妇女，但她依然相信只要自己努力改变自己，自己一定可以与时俱进，一定可以令人刮目相看。

为了给自己争一口气，张幼仪去德国进入裴斯塔洛齐学院攻读幼儿教育专业。通过潜心研读，她学得一口流利的德语。经过这一段痛苦难熬的岁月，这一段寂寞难忍的时光，张幼仪终于找到了人生支撑点。这段时间的潜心苦读让她积累了大量的知识，也唤醒了她内心那个沉睡的巨人，将她的管理才能发挥了出来。后来，她成为一名出色的银行家、企业家。

张幼仪终于令徐志摩刮目相看了。徐志摩在给友人的一封信中提到“C是个有志气有胆量的女子……她现在真的‘什么都不怕’。”（C代表张幼仪）。

伤痛让人清醒，张幼仪正是因为被抛弃才瞬间明白：人生任何事情，原来都要依靠自己。只有自己成功，才能拥有美好未来。是的，女人应该将这句话细细地记在心上，女人必须要依靠自己获得幸福，想要依靠自己，就要懂得在寂寞中唤醒心中那个沉睡的巨人。

人生感悟：在寂寞的时光里，女人不必伤春悲秋，更不必自暴自弃，而应该清醒地看到自己的潜力。通过学习知识来唤醒内心沉睡的巨人，做真正的自己，让自己强大起来。

第四章

淡定的女人，寂寞之后的华丽转身

享受寂寞是人生中的一种境界。女人要懂得享受寂寞，因为智慧常常与寂寞相依相随。学会享受寂寞，你就会在寂寞来一个华丽的转身；学会享受寂寞，你才能感受到生活的美好，你的生活才能过得有意义。

1. 知足常乐——在寂寞中绽放微笑

知足是一种处事态度，常乐是一种幽幽释然的情怀。知足常乐，可以让女人从纷纭世事中解放出来，独享个人妙趣融融的空间。对内发现自己内心的快乐要素，对外发现人间真爱与秀美自然，把烦恼与压力抛到九霄云外，感染自身及周围的人群，促进人际关系逐步走向亲近平和，进一步拥抱浅景淡色与花鸟虫鱼。

在寂寞的时光里，懂得知足的女人是淡定的，是幸福的，是快乐的。不管寂寞的时光如何难以打发，知足常乐的女人总能找到让自己微笑的理由，总能笑靥如花。

对知足常乐的女人来说，纵然她们没有辉煌的人生，但她们觉得自己有一份稳定的工作也不错；即使她们没有令人羡慕的工作，她们也会觉得有一个幸福的家庭也很好；就算没有幸福的家庭，她们也会想有一个健康的身体才是人生最大的财富……

知足常乐的女人不患得患失，不斤斤计较，不盲目攀比，在寂寞中亦能品出阳春白雪的高雅。因为她们明白：其实寂寞就是一种感觉，如果你能用一颗平常心去对待它，如果你能够凡事知足，那么寂寞就不过是你手中的一杯白开水，平淡而无味。

知足常乐，女人就能在寂寞中绽放你最美的笑容；知足常乐，女人就能享受寂寞带给你的另一种人生；知足常乐，女人的生活就会在寂寞中丰富多彩；知足常乐，女人的人生就会在寂寞中演绎出种种精彩。

一个知足常乐的女人就是一个懂得享受寂寞的女人，寂寞将在你这里华丽转身！

人生感悟：知足常乐是一种人生底色，懂得知足常乐的女人即使在寂寞难忍的时刻也会笑靥如花，也会与幸福时时相伴。即使没有名车别墅，没有山珍海味，她们依然幸福地微笑着。

2. 平淡似水——每一棵草都会开花

平淡似水的女人像雨后的天空一样清新，像刚出土的小草生机勃勃，像飘然而下的秋叶般静美，像朵朵白云般温暖……岁月变迁，沧海桑田，她们总是坚信每一棵草都会开花。

诺诺就是这样一个平淡似水的美丽女子。她的美不是单纯女子不食人间烟火的美，也不是成熟女人的成熟美，而是一种淡淡的美。淡淡的妆颜，淡淡的微笑，淡淡的着装，总是给人一种暖暖的感觉。

诺诺与男友在大学时就相恋了。他们的恋情就像诺诺这个人一样，平淡似水，没有花前月下的浪漫，也没有天长地久的誓言，有的只是彼此之间的温暖关怀。

诺诺与男友大学毕业后，都一起来到北京打工。然而，北京房价呈直线上涨，工资上涨的速度永远赶不上房价上涨的速度。

转眼，两人已到谈婚论嫁的年龄，诺诺与男友在北京这座城市仍一无所有。经过再三思索，男友鼓足勇气向诺诺求婚："我没有房，没有车，没有多少存款，有的只是一颗对你的真心，你愿意嫁给我吗?"

诺诺露出淡淡的笑容，说道："没有自己的房子，我们就租间小屋吧；没有车，我们就手牵手地散步吧！没有存款，我们就一起努力挣吧!"

诺诺与男友简单地举行了婚礼，过起了油盐柴米的小日子。即使租房，诺诺也要把房间收拾得干干净净的。尽管老公的工作不是很如意，诺诺总是鼓励他好好干。因为她坚信每一棵草都会开花。

经过几年的努力，男友已成为公司的高层领导。他们有了房子、车子、票子，小日子过得很幸福。

平淡似水的女人心灵就像一泓碧水，清澈明亮。她们少了一些焦虑，一些浮躁，一些奢求；多了一份安适，一份恬谧，一份满足。

寂寞在平淡似水的女人那里不再寂寞，幸福总是与平淡似水的女人相伴。做一个平淡似水的女人吧！你会发现人世间的一切真理都蕴藏在平常的事物中。

人生感悟：女人的欲望是无止境的。女人，看淡功名利禄，从容、平和、乐观向上，用一颗平常心与人相伴，你的生活就会过得有滋有味，人生就会丰富多彩。

3. 顺其自然——与其苦苦寻觅，不如一切随缘

曾看过这样一则故事：小和尚去荒芜的杂草地播种草籽，不管是风把草籽吹走了，或是麻雀把草籽吃掉了，还是大雨把草籽全都冲走了，老和尚都说：“随它去!”

最初我跟故事中的小和尚一样迷惑，怎么能“随它去”

呢？看到故事末尾，我才明白这句“随它去”竟然蕴藏着顺其自然的深意，也突然觉得在这个物竞天择的社会，女人拥有一种顺其自然的心态不失为一种好的生活方式。

“有心栽花花不开，无心插柳柳成阴。”这句话就告诉女人：有时候你想做一件事情，可是，花费了很多精力，做了很多努力，结果并不能如愿；而不经意的事情，只是随意一做，就取得了很好的结果。凡事不可强求，与其苦苦寻觅，不如一切随缘！

顺其自然是女人应该练就的一种人生境界，有些女人凡事顺其自然，遇事处之泰然；得意之时淡然，失意之时坦然；艰辛曲折必然，历尽沧桑悟然。

有一位女性朋友长得不算漂亮，却很有味道。她凡事顺其自然的态度让我心生敬佩。记得她谈恋爱那会，有一个同事悄悄告诉她，她男友搂着另一个女人走进了一家宾馆。她听后，只是淡淡一笑：“该走的总会走，留也留不住！”

果然，没过多久，她男友便向她提出了分手，她欣然应允。后来，公司来了一个“高富帅”，成了公司女同胞的白马王子，她也不例外。其他女郎变着法儿接近那位“高富帅”，唯独她每次见到他时，都微微一笑。

好友说：“你喜欢他，就勇敢去追啊！”她笑着说：“该来的总会来，属于我的就一定会来到我身边。”

令很多人不解的是，这位“高富帅”竟选中了她这位其貌不扬的女子。他们结婚后，那位高富帅对她说：“你的矜持打动了我!”

恋爱或许就应该如此，“该走的总会走，该来的总会来”，与其苦苦寻觅，不如一切随缘！“该走的总会走，该来的总会来”便是一种顺其自然的人生态度，女人如果能做到凡事顺其自然，寂寞便会绕道而行。

人生感悟：女人，你是否还在为男友的背弃而痛不欲生？你是否还在为工作的升迁而抱怨不已？你是否还在为生活的不如意而垂头丧气？其实，“谋事在人，成事在天”，用顺其自然的态度看待这一切，你就会过得开心快乐。所以，女人凡事不必强求，不必穷追不舍，不必紧握不放，不必过分担心，一切随缘！如此而已！

4. 随遇而安——在寂寞中笑看潮起潮落

古语有云：“既来之，则安之。”女人这一生更需要随遇而安的态度，能随遇而安的女人往往更容易获得幸福。

人生事事无常，一个女人，你不可能预料到每一件将要发生的事情。面对人生中的跌宕起伏，女人要做的就是学会看淡一切，学会随遇而安。

林玲是一个才华横溢的女子，大学毕业后，为了她爱的男人，她不惜离乡背井，来到男人所在的大城市——广东。他们想通过自己的努力，在广东这座城市拥有一席之地。

婚后，男人对她很好，林玲过得很幸福，也很知足。一年后，他们有了一个活泼可爱的儿子，一家三口其乐融融。可是，不幸却在这时降临了。

男人发生了车祸，右腿被截肢了。男人觉得自己成了一个废人，不想成为妻子的累赘，提出离婚。可是，林玲却始终不愿离婚。相反，她用柔弱的肩膀承担起了家庭的重担，不仅照顾老公、孩子，还抽出时间去打临时工，用微薄的薪水支撑着整个家庭。

生活如此艰辛，林玲脸上依然挂着微笑。她每天把屋子打扫得干干净净的，家里还放几盆野生的花草，给破旧的房屋带来一丝生机，生活也过得非常惬意。

每当夜深人静时，男人总会抚摸着她的脸颊问道："后悔吗？"

"不后悔，古人都说了，女人嫁鸡随鸡，随狗随狗。我们现在不也挺好的吗？"林玲总是俏皮地抬起头来，回答道。

在林玲的坚持下，他们终于赚够了接假肢的钱。男人成功地安上了假肢，又重回职场，他更加努力工作。两年后，他成为公司总经理，终于在广东有了一席之地。

人生不可能一帆风顺，生活不可能圆圆满满。"兵来将挡，水来土掩”，不管遇到什么情况，女人都应该用随遇而安的态度去面对。如此，生活就能过得轻松、惬意。

人生感悟：古人有言：“嫁鸡随鸡，嫁狗随狗。”其实，女人这一生不必那么在意得到了多少，又失去了多少。淡菜飘香，平淡有味，随遇而安，或许如此足矣！

5. 似水年华——涓涓溪水静静流

生活就像水一样，平淡而无味，多少女人经不起平淡的洗刷而备感寂寞。在寂寞的日子里，泪水浸湿了女人的衣襟；在寂寞的日子里，厚厚的脂粉掩饰不住女人的愁容；在寂寞的日子里，即使风和日丽也吹不散女人心中的乌云……

其实，生活就像水，女人如果能像涓涓溪水那样，那么，生活就无所谓平淡与烦愁。涓涓溪水一样的女子无波无澜、无恐无惊，清澈可见底，温柔似白云。她们不羡海之深邃，不慕江之壮阔，静静地越过平原，绕过山涧，淌过沙漠，穿过森林。遇到美景，她们尽情欣赏，遇到荒凉独自承受，并尽力用自己绵薄之力去改变它。就算遇到顽石，即使顽石那冷硬的棱角滑伤她的身体，让她感到隐隐的疼痛，她依然以温暖如三月艳阳的微笑与它相处。如此，女人轻歌曼舞般地到达终点。

涓涓溪水一样的女子总能在平淡的生活中尽情绽放，总能在寂寞的夜晚细数天空中的星星点点；总能在纷繁的世态中，品尝到甘之如饴的清泉。她们不争名夺利，不伤春悲秋，不悲伤叹息。

其实，生命的终点是无法言说的静，而起点却是难以忍受的痛。呱呱坠地，终将静默逝去；花容月貌，终将老去；家财万贯，终将散去……女人的一生不过如此。

其实，生命也不过如此，女人与其愁容满面地过每一天，不如笑靥如花。悲也是一天，喜也是一日，后悔也不能重新来过，失去也不能找回。女人，你终将抓不住匆匆流逝的时光，不如一切随它而去，让生命像涓涓溪水那样静静地流。

人生感悟：假如女人像涓涓溪水那样静静流，清凌秀气、温柔婉约，有个性却不张扬，有思想却不锋芒毕露，无所奢望无所求，只愿自己永远快乐地走完自己的人生旅途，那么这样的女人无疑是幸福的。

6. 宠辱不惊——闲看庭前花开花谢

女人这一生，有春风得意的时候，也有坎坷不平的时候。但不管生活怎么样，为了生活，为了家庭，也为了孩子，女人都要一直走下去。荣耀也罢，屈辱也好，女人都应该以平和的心态去面对，少一些无奈与感慨，多一份从容和淡然。

人其实活的是一种态度，积极、健康、乐观向上，而女人更需要一种宠辱不惊的心态。看过《甄嬛传》，剧中人物沈眉庄给我留下了深刻印象。沈眉庄人如其名，娴雅端庄。她饱读诗书，大方得体，性格恬淡，成为同批秀女中最早获得皇宠的女子。

然而，不管皇上怎么宠爱她，她都礼貌待人、不卑不亢，从不像华妃那样张狂。这样的大气与从容让她从众多女子中脱颖而出。

然而，沈眉庄的贤惠、淡雅深受皇上皇后的喜爱，却遭到其他妃子的嫉妒。她早期的锋芒毕露加上求孕心切终让沈眉庄落入了别人的圈套中，一度失宠。

在失宠的这段日子里，沈眉庄几次险些丧命，更看到了皇上的寡情，也曾伤心落泪。但她心里清楚，不管生活怎么样，她都必须活下去。在接下来的生活中，她一个人独居碎玉轩。不再争宠夺利，每天除了看书、弹琴以外，就去孝顺太后，仿佛世间的一切都与她无关。即使皇上最后又倾心于她，但她依然只是淡淡的一笑。可谓将“宠辱不惊”演绎到了极致。如果她不曾爱上温实初，那么她会在宫中安身立命以终老。

红尘中人难免世俗，花花绿绿的世界让多少女人深陷其中，不能自拔。所以，女人更需要一颗宠辱不惊的心。

人生感悟：世间大多女子得到宠爱格外惊喜，失去宠爱则郁郁寡欢。其实，女人不管是获宠，还是失宠，都一样要生活下去。与其大喜大悲，不如看淡宠辱，安安静静地度过这一生。

7. 淡泊名利——在寂寞中沉淀出晶莹之光

人生总有许多难关要过，其中名利关是最为难过的，可谓生命不息名利不止也。在这个浮躁的年代，很多女孩子恣意追逐名利，不惜绞尽脑汁、百般钻营、曲意奉承、攀高结贵，甚至牺牲个人尊严。可以说，在职场圈中，恣意追逐名利的女子比比皆是。

名利如浮云，那些真正名留青史的人都淡泊名利。李白曾在《将进酒》中说："古来圣贤皆寂寞，唯有饮者留其名。"圣贤之所以会寂寞，是因为他们志存高远而淡泊名利。

当然淡泊名利的女人，并不是没有功名利禄之心，而是她们在追求和获取的态度上不急功近利、损人利己，而是顺势而为、公平竞争、取之有道、得而无愧。

居里夫人就是成功女性的典范，不仅在科学领域取得的成就远近闻名，"淡泊名利"的态度还天下闻名。

居里夫人与丈夫皮埃尔·居里共同发现了放射性元素镭，紧接着又发现了元素钋。这两项伟大的发现让她与丈夫共同获得了1903年诺贝尔物理学奖。然而，1911年，居里夫人又因放射化学方面的成就获诺贝尔化学奖，成为历史上第一个两次荣获诺贝尔奖的人。

荣耀的光环照耀在居里夫人的头顶，但她并不把这些荣耀放在心上。她一生共获得10项奖金，16种奖章，107个荣誉头衔，却全不在意。

有一天，居里夫人的朋友来她家做客，见她的小女儿正在玩英国皇家学会颁发给她的金质奖章，惊讶地问道："居里夫人，得到一枚英国皇家学会的奖章，是极高的荣誉，多少人绞尽脑汁也得不到。你怎么能给孩子玩呢？"

居里夫人微笑着说道：“我是想让孩子从小就知道，荣誉就像玩具，只能玩玩而已，绝不能看得太重，否则就将一事无成。”

科研是寂寞枯燥的，居里夫人之所以能取得如此卓越的成就，除了她的辛苦努力以外，主要就是她拥有一颗淡泊名利的心，尽自己全力所为，最终在寂寞中沉淀出耀眼的光芒。

在寂寞中，女人越是急功近利，越难以静下心来好好学习，好好工作，自然难以沉淀出耀眼的光芒。淡泊名利，才能以提升自我而努力学习。有付出就有收获，上天总是眷顾在淡泊中奋进的女人。

人生感悟：淡泊名利是一种纯粹高尚的、脱离了低级趣味的人生态度。如果一个女人拥有这种淡泊名利的人生态度，她就更容易受到他人的尊重与推崇。

8. 去留无意——漫随天外云卷云舒

一说到离别，女人就会不由自主地想到眼泪，离别的人儿似乎总要掉眼泪。古时候女人送别，总是难舍难分，有柳永的“都门帐饮无绪，留恋处、兰舟催发。执手相看泪眼，竟无语凝噎”；有王实甫《西厢记·长亭送别》的“碧云天，黄花地，北雁南飞，晓来谁染霜林醉？总是离人泪！”此情此景，怎么能不让女人泣离别、兴悲怀？

其实，相聚便是缘来了；相离便是缘尽了！缘生缘灭，去留无意，女人应该以如此洒脱的人生态度来面对人生。

这正如梁实秋先生所说的那样：你走，我不送你；你来，无论风雨，我要去接你。这是多么洒脱的一种情怀，我不由自主地想起了李白那句“桃花潭水深千尺，不及汪伦送我情”。我的脑海中浮现这样一幅送别情景：

李白身穿布衣褐衫跳上小船，将竹篙轻轻一点，小船便缓缓悠悠地荡开来。远处突然传来缥渺的歌声，李白停篙伫听，脸上露出了微笑，他知道是汪伦来送他了。

果然，不一会儿，汪伦就站在了岸边，向他挥手告别。李白同样向岸上的汪伦挥挥手，然后划船离去。

比起缠绵的送别方式，作为女人，我更喜欢李白与汪伦送别的那种豪情与自然洒脱。就算“执手相看泪眼”，也留不住那要离去的人儿。就像叶子要离开大树一样，不管大树如何挽留，叶子总将散落天涯，朝自己的轨道，奔赴自己的方向。所以，女人何不将离别看淡一点，再看淡一点。

去留无意，漫随天外云卷云舒。这不是薄情寡义，而是一种心境，更是一种姿态。它将离别眼泪转化成了一道赏心悦目的风景，在自然随意中演绎离别的伤感！女人若能潇洒面对离别，你的人生就会更豪迈。

人生感悟：都说女人是水做的，离别时总是喜欢伤春悲秋，泪眼婆娑。即使哭红眼睛也留不住要离去的人儿，与其如此，还不如心境平和地接受，做到去留无意！女人拥有这样的人生更豪迈！

9. 娴静安恬——在淡雅中愉悦心灵

在快节奏的今天，女人忙碌的身影构成了一道美丽的风景。大街上，她们匆忙的脚步；办公室里，她们埋头沉思的神情；家里，她们为老公忙前忙后的身影……这样的忙碌很美，也很充实。可是，女人，你有多久没有闲下来品一杯清茶，读一篇文字，听一首歌曲，聆听大自然的声音……

女人需要一种闲适的人生态度。齐白石老先生对“闲适”这一词有深刻的领悟，他留给世间女人一句名言：“一生只愿做闲人”。是啊，写点闲字，画点闲画，见点闲人，说点闲话，写点闲文，看点闲景，这应该是人生一种大自在境界。

闲适淡雅，女人关键要悟透“闲”与“适”二字。“闲”并不是指整天无所事事，而是指有闲心，有闲情。而“适”就是合适，合乎自然，合乎人性，合乎自我的闲情逸致。如果违背自己的天性与兴趣，不能使自己感到身心愉快，那就是不适了。

闲适确实是人生一种大自在境界，它不仅反映了一种从容不迫的生活态度，还是修身养性的人生状态以及自我满足的个人选择。对女人来说，这一生可谓是求忙容易求闲难。每天为生计所迫，为生活琐事所迫，能有几时是闲处，得闲空，有闲情？每天都忙忙碌碌，最可爱的笑容在忙碌中变得冷若冰霜；最美丽的身段在忙碌中变得臃肿不堪；最漂亮的脸蛋在忙碌中变得皱纹重重。

所以，女人，停下忙碌的脚步，给自己的心灵放一回假，给自己一个“闲适”的机会。清晨，闻着清香的空气，凝望那冉冉升起的红日；坐在如茵的草地上，静静地仰头看蓝天上那飘动的朵朵白云；在落日黄昏，静静地观赏着那一抹西去的余晖。

人生感悟：女人不要为生活所累，不要整天忧愁满面，给自己的疲惫的心灵放个假，看看书，写写字，画点画，听听歌，散散步，让自己感到身心愉快，过着悠然快乐的生活。

10. 怡然自得——独自演绎人生的精彩

有的女人的人生是活给别人看的，所以，她们生活在别人的世界里；而有的女人则是活给自己看，怡然自得，活在自己的世界中。

活给别人看的女人非常注重别人的眼光，比如，她穿了一件漂亮的衣服，假如有人说她的衣服不漂亮，她立马去换；而活给自己看的女人则注重自己的内心需求，她觉得这身衣服漂亮，适合自己就穿，从来不在乎别人说什么。

这种活给自己看的女人拥有一种怡然自得的人生态度，她们活得很自我，活出了自己的本色，在自己的世界中演绎着生活的风采。

女人就应该活出自己的本色。如果迎合别人的喜好而改变自己，就失去了自己的个性；如果模仿他人而削足适履，那是愚者所为；为了追随时尚而趋之若鹜，那汇聚在一起的是成堆的商品而非艺术。

每个女人都拥有自己与众不同的特质。假如你爱你自己，而且也希望别人所爱的是你的本色，那么你完全不必去模仿别人，而应发挥你的本色，使它显出光彩来。

莎士比亚曾说：“你是独一无二的，这是最大的赞美。”是的，每个人女人因为独一无二、与众不同，所以才能脱颖而出。内涵美与深刻的智慧都是自觉的产物，并且带有明显的个人特色。因此，女人一定要记住：你就是你，活出你自己，独自演绎出你人生的精彩。

人生感悟：作为女人，在自己的世界中，坚守住自己的个性，秀出自己的特色，那么在世界这座百花园中，你就是一朵奇葩，你就能尽显人生精彩。

11. 适时糊涂——觅及人生的大滋味

清朝著名书画家、诗人郑板桥曾写过一个条幅——难得糊涂，条幅下面还附有一段小字：“聪明难，糊涂难，由聪明转入糊涂更难。”因此，“难得糊涂”是哲人面对芸芸众生的执迷而发的机智言语。

是的，做一个糊涂的女人难，但做一个适时糊涂的“傻”女人更难。我们都知道女人天生的洞察力、比男人强，如此一来，男人的任何举动都逃不过女人那双火眼金睛。

这个时候就是考验女人的时候了，如果只是一点小事，聪明的女人就会装糊涂，睁一只眼，闭一只眼，让它随着时间的流逝而流逝。她们表面上似乎什么都不知道，其实内心比谁都清楚。

然而，有些十分理智且喜欢斤斤计较的女人，就会抓住这点小事不放，并且夸大其词，弄得男人颜面扫地，男人最终忍受不了她的唠叨与抱怨而远离她。

所以，会装糊涂的女人，容易获得幸福；而活得清醒的女人，却容易招惹烦恼。这是因为清醒的女人把一切都看得太真切，太容易斤斤计较，生活中就充满了各种烦恼，而糊涂且傻乎乎地享受生活的女人，计较得少，虽然活得简单粗糙，却因此觅得了人生的大滋味。

所以，女人要学会适时糊涂，少一些计较，多一些宽容，不需要活得太明白。只要凭着一种感觉，一种盲目的呼应，就可以享受到糊涂带来的快乐，满足感。这样的人生才是幸福、快乐的。

人生感悟：俗话说："大智若愚。"糊涂不是昏庸，不是愚昧，而是一种气度，一种修养，一种大智慧。会装糊涂的女人并不是傻女人，而是幸福的、快乐的女人。

第五章

与寂寞结伴而行，泪水与成功相互交织

寂寞是一条由黑暗延伸到黎明的时光隧道，女人只有穿过这条隧道，才可能到达成功的彼岸。寂寞是走向成功的必经之路。一个女人只有耐得住寂寞，在寂寞中完成自我升华，她才可能获得真正的成功。

1. 寂寞是走向成功的必经之路

要想获得成功必须具备很多条件，比如，信心、毅力、勇气等。除此以外，就是寂寞，寂寞是走向成功的必经之路。一个人要想取得成功，必须耐得住寂寞，女人更需要如此。

任何一个女人取得成功，都必须经历一段看不见未来的黑夜时刻，而寂寞就是迎接成功到来的前夜。女人只有经得起寂寞的考验，你才能度过这段黑暗时光，才能迎来黎明。

作家刘墉说："年轻人要过一段'潜水艇'似的生活，先短暂隐形，找寻目标，积蓄能量，日后方能毫无所惧，成功地'浮出水面'。"

是的，女人只有耐得住寂寞，潜心苦练，才能到达成功的彼岸。因为经历过寂寞洗涤的女人已经学会了平静地接受事实，磨炼了意志，迎来的必将是黎明的曙光。

著名乒乓球运动员邓亚萍之所以取得了成功，是因为她经历了寂寞的考验。

邓亚萍从小受到父亲的影响，5 岁就开始学打乒乓球。虽然她已经将球技练到了炉火纯青的地步，可是，因为个子太矮，曾一度被拒于省队、国家队的门外。

那段艰苦的日子是寂寞的，是漫长的，更是难以度过的。然而，不管这段时间有多难熬，邓亚萍经过无数次的流汗，熬过无数寂寞的漫漫长夜，她终于成为一个永不言败的巾帼英雄。

任何一个女人的成功都必须经历一个等待、寂寞、积累的过程。所以，当你遇到重大困难与难以承受的寂寞时，你必须选择坚持。因为寂寞是迎接成功到来的前夜。

人生感悟：只有耐得住寂寞的女人才能成功，因为寂寞会教女人坚韧、乐观、洒脱，会使女人的心灵得到升华。寂寞是成功的炼狱，学会品味寂寞，才能在寂寞中提升生命的价值。

2. 因为耐得住寂寞，所以成功

王福振：“寂寞很折磨人，但更磨炼人……成功的辉煌从来都隐藏在寂寞的背后，成功从来只属于耐得住寂寞的人。”

如果想成功，必须要耐得住寂寞。然而，许多女人都耐不住这份寂寞，她们不是想怎么面对寂寞，怎么将寂寞转化成获取成功的有利因素，而是通过各种方式来逃避寂寞。夜深人静时，还游荡在网上，以安慰那颗寂寞的心。或者，凌晨12点还徘徊在伤心酒吧，唱着歌儿，买着醉，用娱乐来填补内心的空虚，最终一步一步地走向堕落。这样的女人自然不可能取得成功。

大凡成功的女人都是把寂寞带给她的折磨当成了磨炼，进行一次自我升华。号称“跳水皇后”的郭晶晶之所以能取得成功，主要就是因为她耐住了寂寞，在寂寞中更加坚定了前进的脚步。

郭晶晶5岁开始练习跳水，12岁就进入了国家队。1996年，郭晶晶15岁，她第一次参加亚特兰大奥运会，与当时的跳水冠军伏明霞同场竞技。

很不幸的是，郭晶晶太过紧张而导致一个动作没有完成，结果输给了伏明霞。

郭晶晶虽然伤心难过，但她清楚这是自己人生路上的一次重要磨炼。因此，她更加刻苦地进行训练。

2000年，郭晶晶与复出的伏明霞又一起参加了悉尼奥运会。尽管郭晶晶赛前做了充分准备，每天除了跳水就是跳水，可她最后还是只拿了银牌。

郭晶晶将痛苦的泪水硬咽进了肚子里，她更加刻苦地训练自己，每天一个人除了跳水还是跳水。这段日子非常寂寞，郭晶晶不能与亲人、朋友相聚，很多时候也因为一次又一次的失败感到身心疲惫，但她告诉自己，再坚持一下，挺过这段寂寞的时光，就是胜利的到来。

正是因为她挺过了这段寂寞的时光，成为雅典奥运会跳水冠军，2008年奥运会也获得了冠军，赢得了“跳水皇后”的美誉。

女人，当你的理想、你的目标陪伴着你时，只有耐住寂寞，不管遇到什么困难，都不放弃理想和目标，成功才会真正属于你。

人生感悟：“不经一番寒彻骨，哪来梅花扑鼻香。”只有耐得住寂寞的女人才能坚持到最后，才能笑到最后，才能真正地获得成功。

3. 如果害怕寂寞就别追寻梦想

很多女人在没有实现自己的梦想时，都说女人没成功不是自己的原因，而是女人的身体构造所决定的。比如，女人有特殊时期，女人要生孩子，要带孩子。这一切都成了获得成功的阻碍因素。

放眼望去，我们不难发现很多女人既有自己的事业，又有幸福的家庭。过去有林徽因，现在有杨澜。纵观她们的人生，我们不难发现，她们的人生之所以如此辉煌灿烂，是因为她们耐得住寂寞。

所以，阻挡女人圆梦的绊脚石不是女人自身的身体构造，也不是没有金钱，而是害怕寂寞。也许女人天生就是一种群居动物，不管走到哪里，她们都喜欢成群结队出行，逛街要男友陪，即使去做美容，也要叫闺蜜……可以说，她们做什么事，都要有人陪。

如果林徽因与杨澜害怕寂寞，出国留学也需要有人陪，那么，她们根本就不可能出国，不可能在异国他乡学到知识文化，更不可能提升自我，自然不能取得这番卓越的成就。

不得不承受寂寞确实让女人难以忍受。在异国他乡，多少女人因为耐不住寂寞走入歧途，多少女人性格被扭曲。但是，如果你想要实现你的梦想，你想要获得成功，你必须承受别的女人所不能承受的痛苦。

所以，作为女人如果你想追寻梦想，那么你就必须学会耐得住寂寞；作为女人如果你害怕寂寞，那么你就别追寻梦想。因为一个女人如果一直拒绝与寂寞共处，想要成为一个与众不同的人实在太难。

人生感悟：害怕寂寞的女人不可能取得成功。在成功这条道路上，女人必须要耐得住寂寞。在寂寞中看清自我，在寂寞中完善自我，在寂寞中笑迎成功的到来。

4. 耐得住寂寞，在寂寞中坚定信念

自信的女人将所有的美丽集于一身，自信的女人不会因为容颜的衰老而失去自己的魅力，自信的女人有勇气去面对成功路上所遭遇的艰难困苦。

自信的女人耐得住寂寞，越是寂寞，越是难以忍受，她们越会坚定自己的信念，勇敢地迈着坚定的步伐向成功前进。

鲁豫能取得如此骄人的成绩，就是因为她自始至终都散发着自信的光芒。《凤凰早班车》开播之初，当台长问鲁豫能不能主持这一档清晨的新闻节目时，鲁豫自信满满地回答道："好，我做。"

因此，她便成为第一个"吃螃蟹"的女子，开始《凤凰早班车》的首播，每天早上 4 点起床，7:30 分开播《凤凰早班车》。尽管鲁豫已经为《凤凰早班车》的开播做了充分准备，但大家心里依然没谱。

在《凤凰早班车》开播的前一天晚上，鲁豫也非常担心，

夜里辗转反侧。透过寂寞的微光，鲁豫知道越是没谱的事，越要充满信心；越是困难的事情，越要充满信心。因为信心是成功的保证。第二天早上，鲁豫自信满满地主持了《凤凰早班车》。

也许是她的自信征服了观众，也许是她的努力感动了上天，《凤凰早班车》赢得了观众的一致喝彩，鲁豫也因此受到观众的喜欢。

对女人来说，自信是一种很重要的品性。只有拥有自信，才能拥抱美丽，才能拥抱成功，才能拥抱幸福。

人生感悟：在成功的这条道路上，女人只有扬起自信的头颅，只有自始至终地将自信的微笑挂在你的嘴角，只有在寂寞的时候坚定信念，才能真正地拥抱成功。

5. 寂寞与坚强是成功的两根拐杖

有一句话说："世界上最坚强的人，也是最寂寞的人。"寂寞是世界上最刻骨铭心的磨砺之一，只有坚强的女人才能承受得起这种磨砺。自然，耐得住寂寞的女人也必定是坚强的女人。

寂寞与坚强是成功的两根拐杖，帮助那些追求成功的女人沿着崎岖、清冷的山路走向成功的山顶。如果你想到达成就的山顶，熬过寂寞时光，那么你必须告诉自己一定要坚强。

坚强的女人是通向成功道路上的一朵奇葩，即使荆棘重重，它依然开得鲜艳而美丽。

张海迪就是这样一个坚强的女子。张海迪是我国著名的残疾人作家。她的成功可真是一个传奇。

张海迪这一生是寂寞的，她高位截瘫不能去学校上学，自然没有什么玩伴，不能像正常的孩子那样嬉戏玩耍。然而，寂寞是一把双刃剑，她经受住了寂寞的洗礼，铸就了坚强，自学完小学、中学、大学的全部课程。

如果说自学是因为寂寞所赋予张海迪的成果，那么她后来所取得的成就则依靠坚强的意志力。2002年，张海迪创作的一部长达30万字的长篇小说《绝顶》问世，引起了很大的反响。

可以说，是寂寞与坚强成就了张海迪的辉煌人生。如果没有坐在轮椅上的寂寞，就没有坚强的意志力，自然就不会有辉煌的人生。

人生感悟：对于追求成功的女人来说，寂寞与坚强就是她的两根拐杖，缺一不可。如果没有寂寞，就不能铸就坚强；如果没有坚强，就不可能熬过寂寞的时光。女人只有坚强地熬过寂寞时光，才有辉煌的人生。

6. 寂寞里，为迎接机遇作准备

机遇是成功的关键。要想获得成功，就必须抓住机遇。然而，机遇往往青睐那些有准备的女人。

寂寞是成功到来的前夜，可是苦苦等待机遇的日子也是寂寞难熬的。女人与其苦苦抱怨，不如利用这段寂寞的日子为迎接机遇的到来作准备。

微软精英吴士宏能开创辉煌的人生，就在于她利用寂寞的日子为机遇的到来作了充分准备。

微软精英吴士宏是自学成材。她最初只是一名护士，她总觉得自己应该有更广阔的天地。因此，她急于脱离护士这份职业。为了投身于那片广阔的天地，她凭着一台收音机开始自学英语，花了一年半时间学完了许国璋英语三年的课程。

自学英语这段时间虽然时常被寂寞所包围，但吴士宏深知自己必须拿下大专毕业证。文凭是一块敲门砖，她必须拥有这块敲门砖，机遇才可能降临在她的身上。

1985年，吴士宏拿到英语专业大专文凭。恰在这时，IBM公司的北京办事处招聘员工。她深知这个机会来之不易，便勇敢地推开那扇门，参加了面试。在她的努力下，她抓住了机遇，进入了IBM公司的北京办事处工作。虽然只是一份很卑微的工作，却为她开启新的人生篇章奠定了基础。

假如吴士宏没有去学英语，没有获得大专文凭，即使机遇降在她的身上，她也会被拒之门外。

女人，在寂寞的日子里，少一些抱怨，静下心来，为迎接机遇的到来作好准备。如此，你就成功了一大半。

人生感悟：等待机遇的日子是寂寞的，常令很多女人焦虑不安。这时，女人不妨静下心来，利用这段寂寞的时光，为迎接机遇的到来作好准备。那么，你离成功就不远了。

7. 把寂寞的痛苦当做一种磨砺

寂寞的滋味，就像一杯苦咖啡。女人，只有细细品味过它的苦涩之后，才能理解它所隐藏的内涵；只有理解了寂寞的内涵，才能迈着坚定的步伐向成功前进。

然而，品味寂寞这个过程是痛苦的，就像蝴蝶要展翅飞翔，必须经历一个撕心裂肺的挣扎过程，从原有的束缚状态解脱出来。又像老鹰要想脱胎换骨，获得重生的机会，就必须经历一个痛苦的过程。所以，女人在追寻梦想的道路上，在学会品味寂寞之前，要做好忍受痛苦的准备。

J.K.罗琳正是因为承受了别人不能承受的寂寞之苦，她才成了世界上著名的小说家。

J.K.罗琳大学毕业后被男友抛弃，漂泊在伦敦的街头，只能靠打零工来勉强糊口。那段时间是寂寞的，也是痛苦的。

J.K.罗琳喜欢幻想，即使双手干着活，大脑也浮想联翩。有一次，她看到可怜的黑白花奶牛，竟幻想出一列火车载着一个男孩去巫师寄宿学校的情景：一个小男孩得到魔法学校的邀请，后来他才知道自己是个巫师……为此，她浮想联翩，兴奋异常。

很可惜，J.K.罗琳没有带纸和笔。于是，她只好闭上眼睛，把浮现在脑海中的每个想法和细节都一一记了下来。回到家里，她迫不及待地把自己想到的故事写了下来。望着一沓厚厚的稿子，她大胆地决定，要把这些东西写成一部很有阅读价值的书！虽然她还是个未出版过任何作品的“作家”。

后来，J.K.罗琳与葡萄牙的一位记者结了婚。但是很不幸，没过多久，她的丈夫就抛弃了她，她只好带着出生仅四个月的女儿去了爱丁堡找她妹妹。这段时间对J.K.罗琳来说，异常难熬。她既要带女儿，又要完成书稿。每次只能趁女儿熟睡时，再专心写作。所幸的是，她的作品得到了妹妹的大力赞赏。

几经周折，她的第一部作品终于在 1997 年 6 月 26 日出版了。这部作品一问世，立即引起了全世界的轰动。这部小说就是《哈利·波特与魔法石》。

在追求梦想的道路上，女人只有把成功之前所必须承受的寂寞痛苦变成一种磨砺，才能迎接成功的到来。

人生感悟：歌德说："让珊瑚远离惊涛骇浪的侵蚀吗？那无疑是将它们的美丽葬送。一张小红脸体味辛苦所留下来的东西！苦难的过去就是甘美的到来。"在成功这条道路上，女人正是因为体会了寂寞之苦，才显得那么美丽动人。

8. 走自己的路，不要迷恋他人的成功

相信很多人都读过《东施效颦》的故事。故事中的西施即使一副病态也依旧招人喜欢，而东施模仿西施的动作，却让大家感到厌恶至极，这是为什么呢？因为西施保持的是本色，而东施刻意模仿别人，结果弄巧成拙。

其实，成功也是如此！很多女人在实现梦想时，眼睛永

远都放在别人的成功上，便东施效颦。结果，不但没有获得成功，反而还失败得更快。

成功不可能一蹴而就，它需要一个漫长的过程。有些女人在这个过程中，经不住寂寞的考验，经不住他人成功的诱惑，就放弃自己的道路按照别人的成功轨迹前进。她们不坚持走自己的路，跟在别人身后东晃西荡，最终只会碌碌无为。

马云在一次演讲中曾说："创业者多去看别人失败的经历，别人失败了，你对照着看看自己有没有那么做，而且能知道自己应该倒过来做。很多失败的人，就是一念之差，这一念之差，你记住了，你学到了，将来走过这个地方的时候，你就懂得绕过去。看人家成功以后，你去模仿一下，可能死得更快。很多人觉得成功人是从这块石头爬上去的，你以为你也可以爬，告诉你，也许你腿劲不够，也许你爬的那天刚巧那块石头松动了，你就惨了。去学习那些失败的经历之后，不会让你的胆子变得更小，而是让你的胆更大。"

是的，每个女人都是独一无二的，每个女人的成功方式自然也是五花八门。成功不可复制，别人的成功不必迷恋，只有坚定地走适合自己的道路才可能成就自己的辉煌。

成功没有任何捷径可走，女人只有坚持不懈地去付出，才有可能到达终点。

人生感悟：看别人的成功，不过是在浪费时间；看别人的失败，那是在增长才能。女人要想成功，就不要模仿别人的成功，坚持走自己的路，勇敢地尝试各种前进的方法。当所有的错误方法全部被毙以后，成功之路自然就浮出了水面。

9. 突破寂寞，低谷时期莫放弃

世界万物因为熬过了寒冬的考验，才迎来了生机勃勃的春天；大多成功女士因为熬尽了最难熬的寂寞时光，最终才迎来了胜利的曙光。女人在追求成功这条路上，假如你不能坚持到最后，在最后一刻放弃了，那么你就不能突破寂寞，自然也与成功无缘。

查德威尔是第一位成功横渡英吉利海峡的女性，但她并没有因此而感到满足，为了不断超越自己，她决定从卡塔林那岛游到加利福尼亚。

那天早晨，大雾漫天，海水冷得刺骨，因此，游程异常艰辛，查德威尔嘴唇被冻得发紫。连续游了 16 个小时后，她感觉四肢几乎僵化了，浑身上下没有一点儿力气。她努力地抬起头来，想看看还有多远，可大雾早已挡住了她的视线，她根本看不到海岸线。她越游越累，于是就对陪伴她的船上工作人员说：“我快坚持不住了，快拉我上船吧！”

船上工作人员鼓励她说：“还有一海里就到了啊，再坚持一下吧！”

查德威尔十分沮丧地说：“我不信，我连海岸线都看不见，怎么可能只剩一海里呢？快拉我上去，我真的坚持不下去了。”工作人员见她如此坚持，只好将她拉上了船。

快艇飞快地向前开去，不到一分钟，加利福尼亚海岸就出现在她的眼前。因为大雾，海岸线只能在半海里的范围内才能看得见。

查德威尔望着大雾中的海岸线，后悔莫及，痛苦地说道：“如果我听大家的劝告，再坚持一下，我就能熬过最难熬的时刻，就一定能成功地到达加利福尼亚海岸。”

查德威尔的亲身事例告诉女人：其实，成功与失败往往只有一步之遥，关键在于你能不能熬过最难熬的寂寞时刻。如果不能熬过最难熬的时刻，就会半途而废，前功尽弃。

根据事物发展规律来看，女人跌入低谷时期后，那么接下来就应该上升。因为跌到低谷就已经不能再跌了。所以，女人在低谷时期不要放弃，鼓励自己再坚持一下，也许胜利的曙光就将来临。

人生感悟：女人想获得成功，那么在低谷时期就要做到不放弃，突破寂寞，熬过最难熬的时刻。女人只要熬过这一刻，下一秒就会迎来胜利的曙光。

10. 隐忍不言，在寂寞中历练自我

古语也有云："小不忍则乱大谋。"是的，人生在世，很多时候都需要忍。在隐忍中奋发，在隐忍中前进，在隐忍中迎来辉煌的人生。

忍是一种胸怀，是一种领悟，是一种智慧。坚强的女人散发出成熟的味道，而隐忍的女人透露出的却是一种不显山不露水的坚持与柔韧，这是一种内心风起云涌，但脸上却写着笑容的淡定。

在获取成功的这段路上，女人更需要忍耐，在寂寞中学会忍耐，在寂寞中学会突破。这样才能突破瓶颈，自我成就。

西施之所以能流传千古，不仅是因为她是四大美女之一，还因为她为越国作出了卓越的贡献。

当越国称臣于吴国时，越王勾践卧薪尝胆，立志报仇雪恨。在国难当头之际，拥有"沉鱼落雁、闭月羞花"之美的西施肩负复国的重任，忍辱负重，以身救国，与郑旦一起被越王勾践献给吴王夫差，成为吴王最宠爱的妃子，使吴王沉溺于美色，扰乱吴宫，成就越国。

在异国他乡，西施作为亡国奴，每天要面对自己的仇人，还要强颜欢笑，并且不能与自己心爱的男子——范蠡一起生活，这样的日子是寂寞难耐的。但是，西施深知小不忍则乱大谋，她必须在寂寞中学会隐忍。因此，她强颜欢笑，最大限度地使吴王沉溺于自己的美色，荒芜国事。西施的努力没有白费，越国最终打败了吴国，得以报仇雪恨。

女人，在寂寞中学会隐忍，在寂寞中磨炼自我，在寂寞中走向辉煌，在寂寞中笑迎成功的到来，那么成功于你就只有一步之遥。

人生感悟：“忍字头上一把刀”，这把刀不仅象征自省自律，还能切割出全新的境界，懂得隐忍的女人，往往能用这把刀切割出全新的境界，在寂寞中突破瓶颈，自我成就。

11. 经不起等待，就耐不住寂寞

荀子说：“不积跬步，无以至千里；不积小流，无以成江海。”这句话无论是对于处在憧憬中的女人，还是对于已经踏上成功这片土地的女人来说都适用。

是的，任何事情都不可能一蹴而就，都需要一点一点地做起。成功也是如此，成功是一个漫长的过程，必须经历一个等待的过程。成功前的那一段寂寞时光就需要等待，如果女人学会了等待，学会了在寂寞中认清自己，学会了在寂寞中练就定力，学会了在寂寞中认清当前形势，那么就一定能等到成功的到来。

可是，有些女人却无法忍受住这段寂寞时光，她们心急如焚，总想立即成功。心急吃不了热豆腐，因为最后一刻的放弃，她们与成功擦肩而过。

金秋十月，齐薇从老家来到人才济济的北京找工作，结果处处碰壁。有一次，她去面试一家公司的部门经理，经过三轮面试，终于进入了总复试。经过老董面试以后，老董只是微笑着说，我们需要再考虑考虑，一有消息就立即通知你。

齐薇垂头丧气走出了办公室。接下来便是漫长的等待，等待的日子让人焦躁不安，齐薇就像热锅上的一只蚂蚁，急得团团转。可是，转眼两个星期过去了，盼来盼去也没有盼到通知她上班的消息。

齐薇终于经不起这种等待，一气之下，收拾行李，回到了老家。然而，刚到老家，齐薇就接到了公司的电话，通知她明天去上班。

齐薇还想说什么，对方就挂断了电话，再打过去便是无人接听。听着“嘟嘟”的响声，齐薇心里说不出的难受。

经不起等待的女人，就耐不住寂寞，自然就会与成功失之交臂。女人要想成功，就必须静下心来，耐心等待，熬过寂寞的时光，就迎来了胜利的曙光。

人生感悟：等待是一个漫长的过程，也是一个寂寞难耐的过程。女人要明白，任何成功都需要经历一个等待的过程。所以，要想取得成功，就必须耐心等待，耐得住寂寞。

第六章

女强人，繁华的背后掩藏着寂寞的心

获得繁华容易，守住繁华难。多少女人迷失在繁华中，多少女人在繁华中越来越消沉。只有耐得住寂寞的女人才能守得住繁华，因为一个有阅历、有智慧的女人，更像一幅历代流传的名画，虽有残破，但更有价值。

1. 张爱玲——比烟花寂寞的女人

读着张爱玲的文字，快乐、凄凉、寂寞的感觉交织在一起。品读她的文字就仿佛在品尝一杯茉莉香茶，刚入喉时，是一片涩涩的苦。一口吞下去时，之前的苦涩在身体游走一遍后竟散发出特有的芳香，久久萦绕不散。

那该是一个怎样的女子啊？每每这样问自己。她明明是一个横空出世的才女，为何会低到尘埃里去；她明明是一个名门之后，贵府小姐，却骄傲地宣称自己是一个自食其力的小市民；她明明通达人情世故，任何时候却是我行我素，独标孤高；她在四十年代的上海大红大紫，一时无两，内心却比烟花寂寞……

那个曾风华绝代，有着倾城倾国才情的张爱玲如果没有遇上胡兰成，她的眼泪该不会大滴大滴地落入咆哮的江水中吧，她的倩影该不会那样的孤独与寂寞吧！

张爱玲与胡兰成曾经有过美好的恋情，尽管胡兰成已有妻室，甚至是为日本做事的汉奸，但张爱玲都倾其所有地爱他，她的确爱他爱得卑微到了尘埃里。

张爱玲与胡兰成的爱情如同那时的时局一样，不稳定，天天都在变动。当胡兰成离开张爱玲以后，他与周训德如胶似漆，离开周训德以后，又与范秀美好上了。周训德的出现让张爱玲的爱情受伤了，而范秀美的出现更是在她的伤口上撒了一把盐，她是那样心痛，是那样地感伤，她一心一意爱着的男人，心里竟装着几个女人。

张爱玲忍痛割爱，终于与胡兰成决裂了。离别时，她说她将是要萎谢了！她真的寂寞得萎谢了！她一生的倾城之恋，最美的恋情终于走到了尽头。

后来，张爱玲又与作家赖雅结婚，但终是没有一个好的结局。1995 年中秋，这位才女终于寂寞地朝这个世间挥挥手离去了。她寂寞的一生走完了，留下的一片苍凉与无尽叹息都化成了玻璃灵柩，静静地守护着她过去的灿烂。

人生感悟：很多成功女人的一生就像张爱玲一样寂寞得苍凉，透过时空的玻璃墙望去，那些女人取得的成就越大，人生也就越凄凉。

2. 梅艳芳——用男人的豪气演绎女人的寂寞

寂寞得有点夸张

像正流行的衣裳

……

我看着寂寞长大开出了花

哀愁的芬芳已经满枝

……

我看着寂寞渲染成一幅画

忧郁的留白填满生活上

……

我不想这样但又怕爱回来敲我的窗

静静地听着梅艳芳这首《我看着寂寞长大》，她那醇厚低沉的声音萦绕在我的耳旁。我的脑海中时不时地浮现出一个“淡妆浓抹总相宜”的百变天后。

百变天后梅艳芳的童年是孤独的，她因为家境贫困，不得不登台演出。然而，在那个年代极具音乐天赋的她被小伙伴认为是没出息的“歌女”。因此，小时候的她总是孤孤单单一个人。

长大后，梅艳芳决定在演艺圈中闯出自己的一片天地，于是便参加了第一届香港新秀歌唱大赛，以一曲《风的季节》夺得大赛冠军。崭露头角的她获得华星唱片公司的欣赏，并与其签约，推出了第一张专辑《心债》，正式踏入歌坛。此时的梅艳芳是清纯玉女形象。

紧接着，梅艳芳又推出第二张唱片《赤色梅艳芳》，此唱片一炮而红。一代巨星冉冉升起，香港流行乐坛辉煌时期的到来使梅艳芳越发红火。

梅艳芳不断地创新求变，她凭借精湛的歌艺、多变的装束、夸张的浓妆和大胆的表演，开启了华语流行乐坛“百变形象”的先河。

梅艳芳在唱《似水流年》这首歌曲时，她打破清纯玉女的温婉形象，把自己包装成豪气的“男儿汉”，西装、墨镜和宽垫肩给人豪迈的感觉，给香港观众留下极深刻的印象。

梅艳芳在舞台上取得的成就是令世人瞩目的，先后获得“金针奖”、“MTV 亚洲大奖”等。可是，她的爱情却屡遭挫折，终身没有找到自己的归宿。2003 年 11 月，身患癌症的梅艳芳带病举行了人生最后的演唱会。她最后一次用歌声将自己的爱恨情仇、将自己寂寞的心情用歌声传达给世人。闭幕时，终身未嫁的她身披白色婚纱把自己嫁给了深爱的舞台。

在事业上，梅艳芳从五岁登台到人生谢幕，她把自己大半辈子献给了音乐，献给了舞台。在舞台上，她用男人一样的大气与豪情，演绎着女人的寂寞与心碎！她是真正属于舞台的百变女王。

人生感悟：很多女人的一生都像梅艳芳一样，是繁华的，也是寂寞的。辉煌的光环永远环绕着她，可是，她却永远也没有获得自己想要的爱情，没有幸福的家庭，最终孤独离世。

3. 邓丽君——眼泪藏在寂寞里

一提起邓丽君，耳边仿佛就响起她那纯纯的浪漫情歌，婉约又婉约，缱绻又缱绻。“甜蜜蜜，你笑得甜蜜蜜，好像花儿开在春风里”，“我心中只有你，又见炊烟升起”……

邓丽君婉约的浪漫情歌唱遍大江南北，曲曲柔情缠绵的轻吟浅唱，不知道慰藉了多少渴望丰盈温暖的人心。

然而，邓丽君用温婉的歌声给别人带来了温暖，却无以慰藉自己那颗寂寞多情的心。她，本是一个多情的奇女子，也像其他女子一样，对爱情抱着玫瑰色的期待。可是，她的爱情总是在苦涩忧伤里游移，又于清冷孤寒中落幕。

邓丽君与富商郭孔丞的恋情，是让邓丽君最难忘的。然而，天不作公，这段爱情也在清冷孤寒中落幕。

邓丽君与他两情相悦，邓丽君曾公开坦白，郭孔丞是她唯一的真命天子。本来两人已订婚，但由于郭孔丞祖母的阻挠，提出了三个苛刻的条件：一是要邓丽君将过去的历史交代清楚；二是嫁入郭家之后，立即退出演艺圈；三是断绝与娱乐圈朋友的来往。

在邓丽君看来，郭家祖母的这三个条件有辱她的工作与人格。她终于还是十分无奈地放弃了这段十分珍贵的爱情。

经过七年的心灵漂泊，邓丽君找了一个法国小男友，日子过得温馨而浪漫，但两人并未走进婚姻殿堂。直至逝世，邓丽君也没有穿上婚纱，做一回幸福的新娘。

这就是邓丽君，生来柔情、痴情、深情、她为人善美、唯美，已近完美。她用柔和微笑，消除他人内心的愁云，用温柔如水的声音开创了一个与众不同的音乐领域，用樱花般的红颜，感染了芸芸众生。可是，她的内心却是孤独寂寞的，也许在天堂里，她将是一个无忧无虑的仙女吧！

人生感悟：人生就是一首寂寞之歌，女人从寂寞中走来，终将回归寂寞。邓丽君最终在寂寞中香消玉殒，留给世人的是那缠缠绵绵的浪漫情歌。

4. 林徽因——天真奔放与寂寞沉默

我是天空里的一片云，
偶尔投影在你的波心——
你不必讶异，
更无须欢喜——
在转瞬间消灭了踪影。
你我相逢在黑夜的海上，
你有你的，我有我的，方向；
你记得也好，
最好你忘掉
……

这是徐志摩的《偶然》，写给林徽因的一首诗。文学界的爱情，从有林徽因的名字开始，人们总不忘提起另一个人，徐志摩。人们聊起徐志摩时总想问，徽因爱过他吗？我想，林徽因对徐志摩的感情毋宁说爱，不如说是一种感觉上的喜欢。爱与喜欢之间，还有很长的路。

徐志摩同林徽因在国外相识的日子里，其实在不觉间扮演着一个导师的角色，领她进入英国的文学世界中。徐志摩生性浪漫，林徽因，貌美、纤弱，天资聪颖。对文学的领悟力极强。遇见这样的女子，难免不心动。后来林徽因的朋友费慰梅也说：“徽因对徐志摩的回忆，总是离不开那些文学大家的名字，如雪莱、曼殊斐儿……我觉得徽因和志摩的关系，非情爱而是浪漫，更多的还是文学关系。”

喜欢是另一种欣赏；喜欢是欢喜的、愉悦的，没有虐心的折磨，没有纠缠。而爱不是，爱里总有种东西叫痛苦，叫死去活来，叫揪心。徐志摩对林徽因，想必是这种悦心的喜欢吧！

林徽因一生的感情里，除了徐志摩以外，离不开另外两个男人：梁思成和金岳霖。金岳霖是梁、林二人的朋友，平常去他们家走动得比较多，就像一家人。有一次，梁思成从外地回来。林徽因对着丈夫沮丧地说：“我很苦恼，我好像同时爱上了两个人，不知道怎样才好。”

梁思成一时愣住了，不知道怎么办才好，但是他又欣赏妻子的坦诚。经过一夜激烈的思想斗争。第二天一早，他告诉林徽因说：“你是自由的……”因了这句话，林徽因被感动了。金岳霖知道此事，决心彻底地退出二人的感情世界。“我不能伤害一个真正爱你的人，我应该退出。”他们三个人仍是好朋友。金岳霖虽不再插足他们二人的感情，却终身未娶。

这两个男人，深爱着林徽因。一个为了爱她，可以选择放弃她；一个为了爱她，可以选择成全她。爱情的最高境界，莫过于此吧。

林徽因这一生是繁华的，她之所以承受得起这种繁华，那是因为她在异国他乡时，认清了自己与徐志摩的关系。她正是战胜了那段寂寞时光，才承受得起如今的繁华。

人生感悟：被男人怜爱的女人有一种特质，她在爱情里不卑不亢，活得问心无愧。她能把握住自己，不走爱情的偏道，即使迷了路，也会看着北斗星找到回去的方向。

5. 陆小曼——寂寞烟云的绝代风华

一提起陆小曼，大家会不由自主地想起徐志摩与陆小曼那段缠绵悱恻的爱情。

风华绝代的陆小曼不仅才能出众，擅长画画、写作，颇有艺术天分，还是美丽动人的北京名媛，并且出身高贵。她本来应该有一个幸福美满的人生。可是，命运却跟她开了一个玩笑。

陆小曼的第一次婚姻是不幸的，在这次婚姻中，陆小曼就像大海中的一叶小舟，被风浪颠来颠去。她与将军王庚表面上看上去郎才女貌，可是，他们的性格爱好却相差甚远。

王庚沉稳、精干，整天忙于工作，没有闲情陪小曼游玩，而身为交际花的陆小曼却耐不住寂寞，无法忍受这种枯燥无味的生活。所以，陆小曼是寂寞的、是苦闷的。

充满浪漫主义色彩的著名诗人徐志摩这时出现了，陆小曼那沉闷的心境就像平静的湖面突然荡起了丝丝涟漪。他们意趣相投，很有共同语言，很快就陷入爱情的漩涡。

为了让爱情走进婚姻，他们冲破重重阻力，最终走进了婚姻。也许正是应了那句“婚姻是爱情的坟墓”，婚后的他们没有他们想象中的幸福。

陆小曼与徐志摩结婚后，陆小曼渐渐沉迷于大上海的夜生活，变得更加奢侈，住豪宅、开豪车，善于交际的她频繁地出入各种高档的社交场所。这可苦了徐志摩，他同时在光华大学、东吴大学、大夏大学三所学校讲课，课余还赶写诗文，以赚取稿费，仍然不够陆小曼挥霍。这时的陆小曼真是一个挥霍无度的女人。

“任何爱情都长不过生活”，当徐志摩辛苦赚钱时，翁瑞午走进了他们的生活。陆小曼整天与他吞云吐雾。

陆小曼人生中这段迷途，不仅耗费了她的青春岁月，还葬送了徐志摩年轻的生命。当徐志摩飞机失事以后，陆小曼痛定思痛，开始振作起来，开始新生活。

1965 年的 4 月 3 日，陆小曼带着幽怨长眠了，坎坷的一生终于画上了句号。

人生感悟： 很多女人都像陆小曼，因为耐不住寂寞，所以守不住繁华，迷失了自己；因为失去爱人，又经受了寂寞的洗礼，便获得重生，用一生演绎着寂寞烟云的绝代风华。

6. 萧红——用寂寞的文字抗击命运

萧红，原名张乃莹，一个出身于地主家庭，仅有着初中文化的大小姐却被鲁迅誉为“中国最有前途的女作家”。

萧红是一个极具诗情的女人，又是一个果敢坚强的女人。面对包办婚姻，她反抗到底。但命运的坎坷却又让她的人生带上了传奇色彩。面对一次又一次的感情伤害，她虽痛苦万分，但并没有因此而沉寂，更没有一蹶不振，而是将这些伤害转化成了涓涓文字。

萧红的文字散漫而深刻，直入骨髓。三言两语，没有那些繁芜的渲染、铺陈，透露出一种真实的美与纯洁。萧红的语言和诗情是不俗的，她虽一生坎坷，但文字并没有透露出丝毫沧桑厌世之感。

有人说，人如其文。萧红就像她的文字一样，真实、纯真，即使生活落魄而寂寞，她的心依然远离了都市的喧嚣与烦扰，孑然回归到心底最原始的单纯的静谧。

萧红虽然只活了31年，却经历了一生的离合悲欢，先是身怀六甲时被汪恩甲抛弃，后又与共同生活六年的萧军分道扬镳。这两次打击一次又一次地震撼着她那颗脆弱的心灵。

尽管上天对她如此不公，但柔弱的她却没有倒下，而是顽强地站了起来。在凄风苦雨的人生旅程中，她更坚定了自己最初的航向，虔诚地坚守着文学这片领地。用纯净如水的眼睛，看那繁华过尽；用手中坚定的笔杆，书写人世沧桑。

萧红是孤寂的女人，但她的文字却在孤寂的岁月中散发出耀眼的光芒，成为文学史上一颗璀璨的明珠。

人生感悟：很多女人都像萧红那样坚强，面对生活的困苦与孤寂，面对一次又一次的感情伤害，她们没有一蹶不振，而是专心工作，取得了突出成就。这就是寂寞的力量！

7. 吴健雄——耐得住寂寞经得起诱惑的女科学家

吴健雄，一个举世闻名的杰出女性物理学家，一个被誉为“核子物理女皇”、“中国的居里夫人”的传奇女人。

吴健雄从小酷爱科学，在父亲吴仲裔的悉心教育下，她从南京中央大学毕业。1936 年，她告别家乡父老，远涉重洋赴美于加利福尼亚大学留学。

在异国他乡，莘莘学子都是寂寞的，吴健雄也不例外，她是那么怀念家乡的父老乡亲。所幸的是，她遇到了她的终生伴侣袁家骝。袁家骝也是一位物理学家。在吴健雄 30 岁的前一天，吴健雄与袁家骝结婚了。科研是枯燥的，是寂寞难耐的，但他们彼此惺惺相惜，在异国他乡，给彼此寂寞的心灵带来了些安慰。

然而，这样的日子并不长远。吴健雄婚后不久，因为工作关系，他们就成了牛郎织女，一个在新泽西州普林斯顿大学，一个在麻省史密斯学院，各自从事着自己的教学或研究。只有周末，两人才能小聚。

那段时间寂寞难忍，对吴健雄来说，除了工作的繁重让她寝食难安以外，还有就是对爱人的思念。夜深人静时，她多希望丈夫的怀抱能缓解她这一天的疲劳，但她知道她必须静下心来、耐心地进行研究。

1956 年，李政道、杨振宁提出在 β 衰变过程中宇称可能不守恒之后，吴健雄在这之前已经在 β 衰变方面做过细致精密又多种多样的实验工作。得知李政道与杨振宁这一观点后，她立即领导自己的小组进行实验。

通过艰苦实验，实验终于成功了。吴健雄作为人梯把两位年轻的中国科学家推上了诺贝尔奖领奖台，而她自己也因此被誉为“中国的居里夫人”。

人生感悟：在异国他乡，莘莘学子是寂寞的。在异国他乡进行科研的女人，更是寂寞难耐的。尽管如此，很多像吴健雄一样从事科研的女人用顽强的毅力熬过了寂寞时光，从而迎来了辉煌的人生。

8. 白薇——风萧雨凄心寂寞

白薇，一个姿容清丽、雅逸脱俗的女子，一个文采飞扬、才华横溢的才女，一个受尽苦难折磨却依然伏案挥笔的女作家……

白薇在文学史上取得的成就是巨大的，但她的感情生活却始终与苦难、不幸甚至屈辱连在一起，最后孤寂落寞地走完自己的一生。

白薇反对包办婚姻，为了摆脱包办婚姻的束缚，她东渡日本。在日本，她不仅接触到很多新潮思想，阅读了大量书籍，还结识了杨骚。杨骚的出现，给白薇的生活带来了新思想。在异国他乡，两个寂寞而狂热的灵魂，像暴雨中冲出的两股闪电，完全融合在一起。然而，春风画意般的爱情又突然戛然而止。

原来，在他们恋爱没多久，杨骚就不辞而别。白薇伤心难过，竟一病不起。后来，白薇得知杨骚已回国，她不惜借路费回国，在美丽的西子湖畔，她见到了日夜思念的爱人。可是，旖旎的风光并没有给白薇带来期望。杨骚见到她并没有感到惊喜，而是大声痛骂她。白薇被杨骚的绝情与冷漠彻底击溃，感到无所适从。尽管杨骚说三年后再找她，但她已心灰意冷。

白薇失魂落魄地回到东京，抚平心中累累的伤痕，以前所未有的创作激情进行创作，《苏斐》的诞生将她的文学才华展现得淋漓尽致，她因此迈进了文学的殿堂。紧接着，《琳丽》又出版问世，再次受到文坛的极大关注。

在她的创作风生水起时，杨骚又出现在她的生命里。杨骚的再次出现给她的文学创作带来了极大的帮助，可是，却让她的身心备受摧残。

杨骚引荐白薇认识鲁迅。获得鲁迅的帮助，《革命神的受难》、《莺》相继发表，一名魅力四射的文坛才女正在崛起。

杨骚与白薇此时相处融洽，给亲朋好友发喜帖，宣布结婚。可是，婚礼当天，新郎始终没有出现。他们终是没有结婚，白薇这一生也终是没能走进婚姻的殿堂。

寂寞或者是文学创作的催化剂，白薇感情的落寞与失败成就了她的文学创作，使她在文学领域开创了自己的天地。然而，她终是落寞的。

人生感悟：很多女人是不幸的，但又是坚强的。不管身心受到多大的摧残，她们依然坚强地面对生活，寂寞痛苦的岁月为她们的事业奠定了基础。

9. 李清照——寂寞堪比黄花瘦

每次朗诵《醉花阴》时，我的脑海中总会不由自主地浮现出一个孤孤单单的倩影——一袭素色淡淡的罗裳披在尚比黄花瘦的身上，风鬟霜鬓，容颜憔悴，纤指枯瘦如柴。她就是我国著名女词人李清照，享有“千古第一才女”的美称。

李清照早年生活优裕，与丈夫赵明诚一起搜集书画金石，过得非常幸福快乐。然而，命运却跟她开了一个玩笑，当金兵入据中原时，她只好与丈夫流寓南方，境遇十分孤苦。后来，丈夫又离她而去，她的生活变得更加孤苦不堪。

在那个“女子无才便是德”的年代，李清照为何能取得如此大的成就？读过她的文字——“梧桐落，又还秋色，又还寂寞”、“守着窗儿，独自怎生得黑”……我们便能得出答案了。她的这些文字是寂寞的沉淀，是寂寞照亮了她的人生，是寂寞让她在历史的长河中闪耀着熠熠光辉。

众所周知，李清照的晚年是寂寞的。白天，她形单影只，独自守着窗儿；晚上，她一个人睡着两个人的床，辗转反侧，声声叹息。“怎一个愁字了得”！

不过，她即使度日如年，即使香消玉殒，她也没有放纵自己，也绝不是像一般的只会叹息几句“贱妾守空房”的小妇人那样空叹几句，而是选择与寂寞顽强抗争，在空房里将寂寞难耐的心情变成绢秀的字体。因此，这种最自然的爱情表达竟变成了夫妻间的命题创作比赛，成了她向艺术高峰攀登的记录。因而，我国宋词中才有了流传千古的名句——“莫道不销魂，帘卷西风，人比黄花瘦”。

在寂寞难耐的日子里，她就这样用文字化解了命运赋予她的痛苦与寂寞，用那优美的句子来承载她这一生的不幸，来支撑着她所承受的一切。

毫无疑问，李清照的人生是寂寞的，可又是辉煌的，因为她的文字流传千古；她的人生是不幸的，可她又是幸运的，因为不是哪一个女子都能称为“千古第一才女”；她生活得很痛苦，可她又过得很幸福，只因她学会了享受寂寞……

人生感悟：耐得住寂寞是人生的一种自我超越，取得一定成就的女人就是能让寂寞在她那里华丽转身。因为她们懂得化解寂寞、享受寂寞，在寂寞中沉淀，在寂寞中绽放美丽的人生。

10. 魏玩——为排遣寂寞，千里寻知音

“溪山掩映斜阳里，楼台影动斜阳起；隔岸两三家，玉墙红杏花。绿杨堤下路，早晚溪边去；三见柳绵飞，离人犹未归。”

读着这首意境深远宋词——《菩萨蛮》，我的脑海里不时地浮现出一个愁容满面的闺中少妇。她整天对着镜子梳妆打扮，娥眉淡扫，一点丹唇，粉腮凝荔。然后，步态轻盈地去路口张望，等待那熟悉的身影。可是，三年了，望断天涯路，依然不见自己苦苦等候的身影，她不由得幽怨无比，伤情别恨常常涌上心头。

她就是我国北宋著名女词人——魏玩，又称魏夫人，曾布之妻。曾布是宋徽宗时的宰相。那么衣食无忧的魏夫人又怎么会如此寂寞呢?

原来，魏夫人嫁与曾布时，曾布还未取得功名。可是，好不容易等到曾布进士及第走上仕途之后，魏玩不但没有享受

到夫荣妻贵的幸福，还被可怜巴巴地丢在老家，一别就三年，天天望断天涯路。

这三年是寂寞的，是孤苦的。魏夫人只能以一些文字来抒发自己内心的寂寞之苦。王宝钏苦守寒窑十八年，终于迎来了幸福生活。可是，魏夫人后来终于盼回了曾布，也依然寂寞孤苦。

一是，曾布到处做官，两人在一起的日子也是聚少离多。魏玩因而大呼："别郎容易见郎难，几何般，懒临鸾，憔悴容仪，徒觉缕衣宽……莫凭栏，嫌怕东风吹恨上眉端。为报归期须及早，休误妾，一春闲!"

二是，曾布虽然也吟诗作词，但是，他毕竟公务繁忙、在名利场上挣扎，哪有心思、闲情与才女魏玩吟风弄月、琴瑟和鸣。

所以，魏玩只能大呼谁懂寂寞心。为了排遣寂寞，到处寻找知音，得知杭州有一位才女朱淑贞擅长吟诗作对，便派人千里迢迢去杭州将她接到京城来住下。两人一起吟诗弄词，听歌观舞。两人惺惺相惜，过了一段开心快乐的日子。

人生感悟： 独守空房是寂寞的，许多女人都无法忍受这种寂寞。魏玩千里寻知音化解寂寞的方法值得女人效仿，当你寂寞难忍时，给自己最好的朋友打个电话，诉说一下自己的寂寞。有人安慰总归是好的。

11. 卓文君——愿得一人心，白首不相离

卓文君本是一位富家小姐，才貌双全，精通音乐。因此，司马相如那首《凤求凰》让她听得如痴如醉，当司马相如向她表达情意时，她毫不犹豫选择与司马相如夜奔。

司马相如一无所有，为了生存，他们被迫以卖酒为生。这段时间是艰苦的，但卓文君并不以为然，共同度过了那段艰苦的岁月。

后来，他们的生活条件好了，而司马相如也受到朝廷重视。然而，久居京城的司马相如官场得意，情场也得意，赏尽天下美女，竟然想休妻纳妾。把曾经患难与共、情深意笃的日子忘得一干二净。

卓文君独守空房，日复一日年复一年地过着那寂寞难耐的生活。她怎么也没想到，自己苦苦盼来的竟是这样的消息。她悲愤交加，痛笔疾书《白头吟》——“皑如山上雪，皎若云间月。闻君有两意，故来相决绝。今日斗酒会，明旦沟水头。躞蹀御沟止，沟水东西流。凄凄复凄凄，嫁娶不须啼。愿得一人心，白头不相离。竹竿何袅袅，鱼尾何徒徒。男儿重意气，

何用钱刀为。”

此书信寄出数月后，司马相如给妻子送来了一封十三字信：一二三四五六七八九十百千万。卓文君一看就知道丈夫是告诉她对她已无忆。她泪流满面，立即回了一封《怨郎诗》：“一别之后，二地相思，只道是三四月，又谁知五六年。七弦琴无心弹，八行书无可传，九曲连环从中折断，十里长亭望眼欲穿。百思想，千系念，万般无奈把君怨。万语千言说不完，百无聊赖十倚栏。重九登高看孤雁，八月中秋月圆人不圆。七月半，秉烛烧香问苍天。六月伏天人人摇扇我心寒。五月石榴似火红，偏遭阵阵冷雨浇花端。四月枇杷未黄，我欲对镜心意乱。急匆匆，三月桃花随水转；飘零零，二月风筝线儿断。噫，郎呀郎，恨不得下一世，你为女来我做男。”

司马相如看了妻子信，惊叹妻子如此地才华横溢，想起曾经恩爱夫妻情，打消了休妻纳妾的想法，并立即从长安回到成都，将卓文君接到京城去，过起了恩爱幸福的生活。

人生感悟：“愿得一人心，白首不相离。”如果女人想拥有这样的爱情，就必须耐得住寂寞。在寂寞中沉淀思想，在寂寞中提升才华，用智慧维护自己的爱情。

第七章

爱是一种寂寞的痛，不因寂寞而恋爱

爱是在错的时间遇上对的人，虽心心相印却不能夜夜相拥的寂寞；爱是彼此相爱，却“执手相看泪眼，竟无语凝噎”的寂寞；爱是落花有意，流水无情的寂寞……很多女人不因寂寞而恋爱，却因恋爱而寂寞。因为爱是一种寂寞的痛，爱越深，寂寞越浓。

1. 耐住寂寞日，不因寂寞而恋爱

纷繁杂乱的社会，来自各方面的诱惑时刻冲击着女人那颗脆弱的心灵。当她们一个人漂泊在外，往往有寂寞难忍的日子。此时，寂寞吞噬着她们的灵魂，她们忍无可忍，便胡乱地抓住一个男人来谈恋爱，以驱散寂寞时光。

因寂寞而恋爱的女人以为恋爱可以驱散寂寞时光，有一个人陪，有一个人与自己聊天，有一个人为自己分担忧愁，如此，寂寞便不再。

实际上，因寂寞而恋爱不仅不能驱散寂寞，还会毁了自己的幸福。当一个女子寂寞时，她就像一个不会游泳的人掉进水里一样，急需一根救命草，根本看不清眼前的情形，就胡乱地抓住了。上岸清醒后，才发现对方并不适合自己。

然而，时间就像一个魔鬼，天长日久，即使你不爱对方，多少也会产生一些感情。而这样的感情又像鸡肋，嚼之无味，弃之可惜。婚姻不是打牌，如果重新洗牌将要付出巨大的代价。因为寂寞而恋爱，最后可能会寂寞一辈子。

有一句话说：“女人要耐得住寂寞，才能守得住繁华。”

是的，充满智慧的女子不会因为寂寞而恋爱。在这段寂寞的日子里，她们懂得用知识来充实自己，在知识的海洋中遨游，不断地提升自己；在这段寂寞的日子里，她们明白自己想要过什么样的生活，明白自己需要什么样的男人，明白什么样的男人值得托付终生。在这样的男人出现时，她们就收获了幸福。

爱情是真善美的化身，是人间至美的感情，最美的语言，人类两性间最亲和的性爱与情爱的和谐统一。女人要耐住寂寞的日子，在寂寞中收获自己的幸福。

人生感悟： 因为寂寞而恋爱，最终可能会寂寞一辈子。所以，女人要耐住寂寞的日子，千万不要因为寂寞而恋爱。女人只有忍住寂寞的日子，才有幸福时。

2. 思念，世界上最甜的寂寞

春天来了，思念像那满树的桃花在春风的吹拂下绽放了；夏天来了，思念像那突如其来的暴风雨般地泛滥了；秋天来了，思念像那飘然而下的树叶在秋风的吹拂下散落了；冬天来了，思念像那晶莹剔透的雪花那样洁净了。

思念是一种甜蜜的惆怅，是一种幸福的忧伤，是一种温馨的痛苦，是世界上最甜的寂寞。它一年四季都萦绕在女人心间，让你沉湎昨天的悠长，憧憬未来的美好。

思念无处不在，在朗月下、在黄昏里、在秋雨中，只要当轮船的汽笛拉响，火车的汽笛长鸣，汽车的引擎开始发动，飞机冲出跑道腾空而起时，女人的思念便开始了。

思念是一种折磨人的幸福。它让女人眉开眼笑，也会让女人哭得梨花带雨。夜深人静，都市天空静谧得出奇，而四周却闪烁着霓虹灯。你坐在草坪上，望着天上的月亮，静静地思念那遥远的人儿，此情此景让女人长叹：月亮啊，你能否把我的思念带给远方的人儿？

那一刻，月亮仿佛被女人注入了感情，月亮圆的时候，女人的思念也圆；月亮弯的时候，女人的思念也弯。不管月亮是圆还是弯，思念都是女人心里的一方净土，都是世界上最甜的寂寞。

因为有思念，美丽的景致才能勾起女人曼妙的情怀；因为有思念，美丽的景致才能衬托出女人苍凉的美。

思念固然很美，但伴随它而来的必然是漫长的等待。美国女诗人狄金森说：“等待一万年不长，如果终于有爱作为补偿。”妇人只有耐住寂寞，你的心灵才能在思念中获得升华，你的思念也就得到了净化。所以，思念又像雪花那样晶莹剔透，散发着一种纯净美。

岁月终会像落叶那样飘逝，但思念却永远伴随着女人。在女人漫长的人生旅途中，它会带给你绵绵不绝的温馨和取之不竭的力量。

人生感悟：思念是世界上最甜的寂寞。因为思念，很多女人甘于忍受寂寞；因为思念，女人乐于享受寂寞。女人在思念中燃烧自己，在寂寞中获得重生。

3. 给暗恋一个华丽的转身

“你念，或者不念我，情就在那里，不来不去；你爱，或者不爱我，爱就在那里，不增不减。”或许这就是暗恋。暗恋从来都是女人自己一个人的事，与任何人无关，即使是女人暗恋的那个人。

暗恋很美，却美得让人心碎。如果女人暗恋上了一个不该暗恋的人，只需要远远看着就好。一个人的爱情很苦，给自己一个华丽的转身，也许你的爱情就在那个转角处。

英子是一个农村女孩，穿着连衣裙，扎着马尾辫，俨然邻家小妹。英子来到城里打工，进入一家装潢公司当打字员。

刚进入公司时，她觉得在如此气派的公司里工作就感到非常知足，不过，她的这种想法后来却因为一个男人改变了。

这个男人是英子的老板，气宇轩昂，英俊潇洒，笑容可掬，他是那么的帅气迷人，而且她更佩服他的为人处世与管理才能。他有时候会鼓励她好好干。每次面对他的笑容，她总会低下头，脸颊染起一抹红晕。

慢慢地，英子觉得她很想见到他，也不知道为什么，英子只要一闭上眼睛，眼前全是他那帅气迷人的身影。后来，一见到他的身影，她的心就扑通扑通地跳个不停。

可是，英子只能把这份情感深深地埋在心里，她总觉得他像一位王子，高不可攀。为了与他相匹配，她不断地充实自己，每天下班都去读夜校，学设计。在她的艰苦努力下，两年后，她的职位得到了提升，也终于将一张毕业证握在了手里。

那一刻，英子欣喜若狂，她好想把这个好消息告诉他，可是，却发现他挽着他高雅贤淑的妻子走进车里。原来，他们才是公主与王子的完美结合。那一刻，英子瞬间清醒了。那晚她哭了一夜，似乎要埋葬那份美好的感情。

第二天一早，英子递了一张辞职报告给他。他问为什么，她笑了笑说："我想回家结婚。"他祝福她一生幸福美满。她转过身，跑出了办公室。

后来，英子去了一家装潢公司做设计，在设计部组长的帮助下，她的能力不断得到提升。两人也因此产生了深厚的感情，一年后，两人走进了婚姻的殿堂，并开了一家装潢公司，生活过得幸福而美满。

天涯何处无芳草，女人，当你在错的时间里遇到对的人时，不要悲伤，也不要难过，潇洒地给自己一个华丽的转身，也许你的爱情就在转角处等着你。

人生感悟：暗恋一个人虽是美丽的，却是伤人的；暗恋一个人很寂寞，却寂寞得让人欢喜让人忧。女人，在寂寞中学会让自己转身，你就收获了幸福。

4. 失恋，寂寞寂寞就好

失恋让女人痛彻心扉，失恋让女人刻骨铭心，失恋甚至让女人想结束自己的生命。总之，很多女人都把失恋看成天塌下来一样恐怖的事。其实，失恋并没有女人想的那么恐怖，失恋不过是让你又回到了原来一个人的生活而已。

不知道大家有没有听过 Hebe 的《寂寞寂寞就好》，她用甜美的歌声告诉女人面对失恋的方法就是让自己彻底地寂寞。

“不过流掉几公升泪，所以变瘦……我寂寞寂寞就好，这时候谁都别来安慰拥抱……早点看破，才看得见以后，我寂寞寂寞就好……”

失恋，寂寞寂寞就好。在寂寞中，女人会让自己的情感变得更加成熟；在寂寞中，女人能领略到“冬天来了，春天还会远吗”的真正含义；在寂寞中，女人能明白“所谓终点也是起点”所表达的深刻哲理。

任何事情的结束都是下一件事情的开始。恋爱也是如此，失恋是为了迎接下一次美丽爱情的邂逅。所以，女人面对失恋，不必悲伤，更不必痛苦，而应该张开双臂，轻轻地拥抱它，并对它说：“感受你的离去让我有了再次恋爱的机会。”就如歌曲中唱的那样：早点看破，才看得见以后。

爱情里没有谁对谁错，不爱，仅仅是不爱罢了。所以，当你失恋以后，不要去责怪对方，也不要去内疚。因为爱情只是需要一个适合的瓶子装载。装不下，不勉强，分开也是一种幸福。

不管多么美好的东西，都有失去的那一天；不管多么美好的梦，都会有苏醒的那一刻；不管多么深刻的记忆，都会有淡忘的时候；不管多么深爱的人，都有远走的那一天。所以，女人坦然面对失恋，该放弃的绝不挽留，该珍惜的绝不放手。如此，便好！

人生感悟：很多女人都无法面对失恋。其实，失恋不过是失去了某一个人，而你也回到了原来一个人的生活。你还是你，你的世界仍然很美。所以，女人不必为此终此一生，只需要寂寞寂寞就好！

5. 守得云开见月明

因为有等待，农民伯伯才迎来了硕果累累的秋天；因为有等待，有志青年才感受到了成功的喜悦；因为有等待，爱情之花才尽情地绽放。

春去秋来，花开花落，时光流转，世事变迁。在爱情的世界中，女人只有静静地积蓄自己的力量，等待对方真正地成长起来，才能守得云开见月明，拨开迷雾见朝阳！

前段时间，我最好的朋友宣布结婚了，可谓是守得云开见月明。我真心为她感到高兴，但更多的是感到惊奇。

我依稀记得他们谈恋爱那会。他们是大学同学，大三就谈起了恋爱。然而，他们当时的爱情并没有得到大家的祝福，大家都不看好这个男孩子，既觉得他不懂得关心人，又没什么经济基础，家庭条件还太过一般。

当时，我也觉得这样的恋情根本看不到希望。俗话说："宁拆十座庙，不毁一桩婚。"可是，为了我朋友的幸福，我也劝她分手。可是，她却说道：“我觉得他还没有真正长大，他还没有学会来关心我，我相信他有一天会真正地长大，会给我幸福！”她说这话时，眼里透露出坚毅的光芒。当时，我觉得朋友真是傻得可爱。

后来，当我真正谈恋爱时，我才知道朋友拥有女人最可贵的精神——相守。她用最美好的年华来陪一个男孩子成长。如今，她终于守得云开见月明。

阳光总在风雨后，只有学会等待的女人才能看到风雨过后的彩虹，才能看到希望和胜利，才能收获幸福。

人生感悟：做女人最可贵的是“莫欺少年穷”，懂得相守。在婚恋中，懂得相守的女人往往是幸福的。“人同此心，心同此理。”大多数男人都会感激女人曾经陪他走过的这段艰苦岁月。

6. 一根电话线，两颗寂寞心

网上一个你

网上一个我

网上你的温柔我就犯了错

……

点击你的名字发送我的快乐

接收吧接收吧爱的花朵

……

不见你的时候我情绪低落

只有你能刷新我的寂寞

……

一个人静静地听着这首《网络情缘》，心中感慨万千。在这个网络时代，有多少人在用一根电话线，安慰着两颗寂寞心。

虽然很多女人都知道网络是虚拟的，是不现实的，网上的情话更不能当真。可是，在这个极为虚幻的网络中，多少女人依然看着那些绵绵情话脸红心跳，多少女人隔着屏幕思念着那看不见的人儿，多少女人在深夜里如泣如诉，多少女人沉浸于网络中，无法自拔……

网恋为何能让女人如此陶醉，是因为距离产生了美。雾里看花，水中望月，朦朦胧胧，神神秘秘，让女人心生无穷的期盼。

网上曾流行这样一段话："一根电话线，两颗寂寞心，三更半夜里，四目不相见，五更没睡意，六种意乱心，七思现实酷，八想似浮云，九九难分舍，十指来传情。"

简短的文字将虚拟的网络描绘得如此惟妙惟肖。是的，在网络蓬勃发展的今天，网络成了女人消遣寂寞的地方。一根电话线，两头甜言蜜语，夜半的“缠绵”，让两颗寂寞难忍的心从此不再“寂寞”，沉沦于虚幻之中。

一根电话线，两颗寂寞心。网络真的如歌词唱的那样“只有你能刷新我的寂寞”吗？网络真的能成就一段段美好的爱情吗？其实，任何爱情因寂寞而开始，终不会开出绚丽的花朵，更何况是网络情缘。

人生感悟：因为寂寞而网恋，这样的恋爱只会让女人沉沦，只会让女人自我“摧残。把网络当成一个交流的平台，用真诚的心结交朋友，女人会过得更充实。

7. 放弃真爱选择享受，只会更寂寞

在这个物欲横流的年代，很多女人的爱情不仅经不起时间的考验，还承受不了现实的残酷。越来越多的女人不能吃苦耐劳，无法面对残酷的现实，选择优越的物质生活，抛弃真爱，坐享其成。可是，物质享受终不能化解女人的寂寞，当女人面对空荡荡的房子，摸着冷冰冰的票子，内心更加寂寞不堪。

前段时间看过《抹布女也有春天》这部电视剧，电视剧中的那洋因为经不起物质诱惑，放弃了真心爱她的男友吴桐，嫁给了几乎老得可以当她爹的顾长健。尽管顾长健对她照顾有加，但依然不能化解她心中的寂寞。

那洋的家很大，也很豪华，可是，面对空荡荡的房子，她没有想象中的惊喜之情，内心却感到空落落的；虽然她很有钱，可是，当她"刷刷"地刷着银行卡时，她并没有感受到花钱的快感；当她想要的衣服、钻戒、甚至飞机摆在她面前时，她依然闷闷不乐……终日陪着一个半百老头，那种寂寞、那种孤独，不是任何一个女人都可以忍受的。那洋终究无法忍受这种寂寞，期待着能与吴桐破镜重圆。

所以，当那洋看见吴桐与罗小葱的幸福小日子时，她是羡慕的，也是妒忌的，那原本属于她的幸福却被她亲手葬送了。然而，就在她悔恨寂寞交加时，命运却在这时跟她开了一个玩笑，顾长健意外去世，作为第一继承人的她没有得到一分钱，净身出户。

经过一段时间的沉寂，那洋痛定思痛过后终于明白：女人一定要靠自身努力，获得自己想要的幸福，不可能依附男人一生。纵然有一个可以让你能依附一生的男人，但是太多空闲的日子也会让你空虚、无聊、寂寞。所以，她最终自食其力。

放弃真爱，选择物质生活的女人并不能获得幸福。女人真正的幸福来自于自身的努力，也来自于真爱。

人生感悟：年轻女人因为物质放弃了真爱，嫁给了一个自己不爱的甚至是比自己大很多的男人。这样的女人不仅失去了真爱，还失去了追寻自我的机会，终将寂寞一生。

8. 用心品味藏在细节中的爱

每个人表达爱意的方式都不一样。有些男人喜欢给自己深爱的女孩子写情书，用绵绵情话打动女孩的心；有些男人则喜欢投其所好，送女孩子喜欢的东西，博取女孩的欢心；有些男人则不喜欢说，也不喜欢写，只会用行动把女孩子照顾得无微不至……

军就是这样的一个男人，他喜欢艳子，一个长相普通心地很善良的女孩子，他喜欢她的善良可爱。

军和艳子是大学同学，军总是找各种机会接近艳子，比如，今天找她借一本书，明天又找她教自己英语单词。为了表示感谢，便请艳子吃饭。尽管大家都说军对艳子有意思，但艳子又觉得他所做的一切都合情合理。

直到有一天，军做的一件事让她明白了他的爱意。有一天，吃过饭以后，军提议去附近公园玩玩，艳子答应了。在公园里转了转，他们坐在了公园的椅子上。

刚一坐下，军就从包里掏出一包纸巾，抽出一张纸巾来。出乎艳子的意料，军竟拿着纸巾轻轻地替艳子将靴子上的尘土擦去。

艳子有些诧异，她愣愣地看着他擦完一只鞋，又擦另一只。他是那么认真，是那么仔细，仿佛在擦拭一颗珍珠似的。

擦完后，他对她笑了笑，她也笑了笑。刹那间，一阵暖暖的感觉涌上心头。艳子知道这样的男人是爱自己的，也是值得自己托付终生的。

后来，他们恋爱了。大学毕业后，他们结婚了。结婚后的军一如既往地将艳子照顾得无微不至。

有些男人会把爱藏进细节中，这就要求女人要用心去品味那藏进细节中的爱，否则，你就会与真爱擦肩而过。

人生感悟：真爱往往藏在细节里。它不是天天挂在嘴上，也不是那缠绵悱恻的文字，而是像一杯白开水，看似无色无味，却可以润人心肺。它也没有永久的浪漫，有的恰恰是平凡日子中真真切切的细节。所以，女人要用心体会藏在细节中的真爱，否则，便会与真爱擦肩而过。

9. 寂寞才说爱，为何你要这么坏

静美如同她的名字一样，给人一种安静美好的感觉。静美与一个男孩子是青梅竹马，静美从小就喜欢他，她一直以为他也喜欢她。可是，当那个长发飘逸的女孩出现时，她才知道原来她并不是他的那盘“菜”。

男孩很喜欢那个女孩，即使跟静美在一起，他谈的更多的也往往是那个女孩的点点滴滴。静美看他一副陶醉的模样，既羡慕那个女孩，又暗暗地祝他幸福。

可是，没过多久，那个女孩离开了男孩。男孩喝得酩酊大醉，搂着她却叫着那个女孩的名字，静美听着他受伤的声音，她既心疼他，又伤心难过。

在男孩失恋的这段日子里，一连几天，静美都静静地陪着男孩。男孩也许知道静美对他的爱，也许是想让自己尽快走出失恋的阴影。没过几天，他突然拉着静美的手说：“做我女朋友吧！我们永远也不分开。”

静美觉得幸福极了，以为自己终于等到她要的幸福了。她微笑着，投进了他温暖的怀抱。可是，没过多久，那个女孩又回来了。让静美伤心难过的是，那个女孩一个电话，就让男孩又回到了她的身边。

那天晚上，她一个人走在漆黑的大街上，远处传来《寂寞才说爱》这首歌：

……

寂寞才说爱为何你要那么坏

当初是谁告白说爱永远不改

……

爱不该因你寂寞才存在

寂寞时的爱到底爱的该不该

……

是寂寞在作怪幻想还有未来

爱是寂寞撒的谎

静美听着听着，眼泪悄悄地滑出了眼眶！她仰望苍天，苍天静默不语；她俯视大地，大地也只是默默叹息！

女人一定要明白：寂寞时的爱并不是真正的爱，更不是幸福的开端，不过是释放寂寞的一种方式，它像烟花一样，随时都会随风而散！所以，女人要警惕寂寞时的爱，不要让自己受到伤害。

人生感悟：女人除了自身要耐得住寂寞，还要警惕寂寞时的爱。不要去接受，而要用清醒的头脑去抵制寂寞时的爱。

10. 因为爱所以爱，甘忍寂寞

回眸一望，或者会心一笑，爱情的种子便在女人的心里生根发芽，从此便对此人恋恋不忘，朝思暮想。爱情往往就是这样，真可谓是“有心栽花花不开，无心插柳柳成阴”。

爱情没有道理可言，就像谢霆锋唱的那首歌一样《因为爱所以爱》。正因为如此，爱上一个人时就要勇敢地去爱，即使要经受漫长的等待，忍受难以忍受的寂寞，即使要忍受伤害，都要勇敢地去爱。

看过电视剧《大宅门》后，我虽然不赞成白玉婷如此地痴爱一个男人，甘愿忍受一世的寂寞，但我确实佩服她不顾世俗眼光勇于追求爱的那种精神。

白玉婷作为白家大小姐，爱上了戏子万筱菊，冲破家庭阻挠一心一意想嫁给他。不料，万筱菊却不敢娶她这位堂堂大小姐，婉言相拒。白玉婷虽然被拒，仍不甘心，最终只落得与万筱菊的照片结婚，并孤独地守候一世。

有人说，白玉婷是离经叛道的女子，贵家公子不喜欢，偏偏爱上一个戏子，并执着于一份没有结局的爱，埋没了一生年华；也有人说，她投错了胎，不应该生在豪门家，而应该生在梨梅下，与相爱的人一唱一和，花下墨写年华。

其实，人生没有对与错，爱情也没有对与错，女人勇敢地爱自己所爱的人更没有错，勇敢地追求自己所爱，做真正的自己，人生便无怨无悔。

不过，痴爱一个人一生，那不过是电视剧，女人终究应该生活在现实中，更应该做到拿得起放得起。只要勇敢地爱过，即使失败也无怨无悔。

人生感悟：人生能遇上自己爱的人实属不易，女人爱，请勇敢。也许你爱着他，而他也刚好爱着你。如此，便能成就一段美好的姻缘。纵然要忍受寂寞之苦，纵然可能会受到伤害，女人也要勇敢地去爱。

11. 心若没有栖息，到哪都是流浪

读过《心若没有栖息，到哪都是流浪》这本书，内心很有感触。它尽现了我们这一代来都市拼搏的年轻人的内心世界，尤其是女人：困惑无助，没有安全感，对未来一片茫然，不知

道哪里是自己的最终归宿，很渴望安定却又手足无措。

生活如此，工作如此，爱情更是如此！有多少女人在感叹：为什么我爱的人不爱我，爱我的人却不是我爱的人，为什么会在错的时间遇到对的人，为什么相爱的人不能在一起？

其实，如书中所讲的那样，心若没有栖息，到哪都是流浪。不管是生活，还是恋爱，女人都必须静心安心。唯有如此，你才能真正地收获幸福。女人爱一个人不一定拥有，但拥有一个人一定要好好去爱他，这就是安心。

心怡是一个漂亮的姑娘，脾气却不好，任性，娇气。她身边从来不乏追求者，也许是追求者太多，已经让她挑花了眼。

心怡有一个男朋友，男朋友很爱她，很疼她。可是，心怡总觉得男友不是自己理想中的人。因此，她骑驴找马，找了一个又一个，多金的，长得帅的，学历高的……总之，没有一个人能容忍她的脾气。经历过爱与被爱之后，她突然发现男友才是最爱她的人。

“众里寻他千百度，蓦然回首，那人却在灯火阑珊处。”心怡感叹不已。她决定收起那颗流浪的心，让它安定下来。可是，就在那天晚上，男友却流着泪说：“我们分手吧！”

心怡错愕不已，她知道自己伤透了男友的心，她什么也没说，只是把自己关在屋子里，哭了一个晚上。

女人拥有并懂得珍惜，别让爱情成为永久的回忆。如此，幸福就会永远伴随着你。

人生感悟：女人要想幸福永远伴随着你，就必须找到心灵栖息之地。只有让自己那颗流浪的心安定下来，你才能感受到家的温馨。因为心在哪里，家就在哪里。

第八章

婚姻围城里，耐得住寂寞的女人最幸福

油盐柴米的婚姻生活平淡似水，寂寞丛生。其实，婚姻就是一个男人与一个女人一起做好了准备向寂寞宣战的一种简约方式。女人只有真正理解婚姻，感知孤独，守候寂寞，才能获得一种宁静而久远的生活。一辈子的婚姻是守出来的。

1. 围城里，做个耐得住寂寞的女人

很多女人都认为结婚后，有了一个可以依靠的肩膀，有了一个可以遮风挡雨的家。从此，身心都不再漂泊，不再流浪，不再寂寞。

其实不然，结婚后女人往往会感到更寂寞。女人走进婚姻生活，每天要为洗衣做饭带孩子而忙碌，而老公则把大多数时间都投入到工作中去了。两人沟通条件方便了，沟通机会却少了。结婚之前的激情没有了，生活日益变得枯燥无聊。这样的日子怎么能不寂寞。

妮妮结婚四年了，老公很努力工作，儿子也很乖，她本来应该幸福快乐。可是，自从儿子上幼儿园以后，她心里总觉得缺少了什么。为了打发这无聊的日子，她开始上网聊天。

妮妮无意中认识了一个网名叫情圣的男人，这个男人也有一个幸福的家庭，漂亮的妻子，可爱的女儿。妮妮从来没想到他们之间会发生什么故事，可是，故事却偏偏有了开始。

最开始，他们只是淡淡地聊一些生活与人生感想罢了，随着聊天次数的增加，他们聊的内容也越来越深入，竟聊到

了夫妻之间的事。慢慢地，妮妮恋上了网络，总是等待着对方上线。而他们之间似乎有一种心灵默契。妮妮Q他时，他总会适时出现。

也许是内心真的太寂寞了，妮妮跟那个男人聊得如火如荼，她似乎找到了一种久违的感觉。看到对方发来的软绵绵的情话，她的脸像少女般地染上抹红晕，心也扑通扑通地跟着跳了起来。那一刻，她突然明白自己总是感觉空落落的原因是她的生活缺少了激情。

有一天，那个网友说自己出差来到了她所在的城市，约她见面。她心里很清楚，这次见面意味着什么。就在她犹豫不定时，老公埋头工作的身影时不时地浮现在她的脑海中。内心经过一番痛苦的挣扎，她纤纤手指终于打出了“从此，我们不再联系”几个字，发送过去后，就关了电脑。

妮妮走出家门，清新的空气扑面而来，她感觉从未有过的放松。

围城里，只有耐得住寂寞的女人才能拥有幸福的婚姻生活，如果你耐不住寂寞，那么你就可能亲手埋葬你的幸福。

人生感悟：女人在婚姻生活中难免会感到寂寞，但是这并不是出轨的理由。对家庭的责任，对幸福的珍惜，都是对抗寂寞的良药。

2. 如果信仰爱情，就要耐得住寂寞

曾经看过这样一则凄美的故事，故事讲的是一位漂亮的女孩被一位画家的才华所吸引，两人相恋，并顺利走进婚姻。

然而，婚后的生活就像一根火柴，擦亮之后就再也没了光亮。画家不拘小节、不爱干净，而是崇尚自由，喜欢无拘无束。尽管女孩对他表现得百依百顺，他仍然觉得束缚住了他。因此，他坚决地提出了离婚。虽然离了婚，但他们依然相爱。

女孩含着眼泪签了离婚协议，但是临走时，却拿走了家门的钥匙。她不再去管他的头发有多乱，不再管他去哪里，不再管他跟谁在一起，只是一如既往地去给他收拾房间。

画家也很乐意女孩时不时地光临。他们此时的生活比以前更浪漫，比如，烛光晚餐、远足旅游、玫瑰花床，这些她都不曾在婚姻中享受到。

后来，画家终于成为了一位很有名气的艺术家，那一尺尺堆高的画稿也变成了一打打花花绿绿的钞票。她帮他经营、帮他管理、帮他消费。

他们一直这样幸福地过着，然而，不幸却在这时降临在

他们头上。有一天，他被确诊为癌症晚期。

弥留之际，他拉着她的手问她："你为什么会一生无悔地陪着我？"

女孩眼里含着泪，泣不成声地回答："爱要比婚姻长得多，婚姻结束了，但爱却没有结束，因此，我才会守候你一生。"

爱比婚姻更长，女人只要心中有爱，只要信仰爱情，你就一定耐得住寂寞。因为你会为他而守候，即使没有婚姻，你也不会背叛他。女人的坚贞便体现于此！

人生感悟：婚姻并不是爱情的坟墓，只要女人信仰爱情，爱情之花会绽放得更加娇艳。因为信仰爱情，女人会过得更幸福，更快乐！

3. 因为选择了结婚，就成全了寂寞

前段时间，一家知名网站针对北京、上海、广州、深圳、成都等几大城市25岁以上的女性网民，进行说出你"最惊世骇俗的愿望"大调查。参与调查的女网民74%已婚，而就在

这些看似婚姻幸福美满的群体中，有57%的女网民坦陈在婚姻的某一阶段，特别渴望有一次“唯美的外遇”，竟有24.5%的女网民向往一夜情。

主要负责这次调查的女士最后说：大多数女人都在自己的婚礼上有过这样的憧憬，结婚可以解决心灵的空虚和孤独，结了婚就不会再寂寞，而事实也许正好相反？

是的，结婚不是远离了寂寞，而是成全了寂寞。所以，女人在结婚之前就应该接受这个事实，才不会在婚姻生活中迷失自己。

有一个女孩结婚了，在出嫁那天，母亲拉着女儿的手说，孩子，婚姻生活没你想象中的美好，你必须做好心理准备，虽然多了一个人，但琐碎的生活会让你更加寂寞。你结婚不是远离了寂寞，而是成全了寂寞。以后寂寞的时候就回来找妈妈唠叨唠叨，妈妈是你永远的港湾。

女孩流着眼泪点了点头。结婚后，女孩发现婚姻生活果然如妈妈所说，她与老公的关系没有进一步升级，反而越来越淡漠。老公从事计算机方面的工作，为了买房，为了挣更多的钱，每天下班后都伏在电脑旁干私活。所以，他们每天说的话本身就不多。随着孩子的到来，他们每天的话题除了孩子以外，似乎没别的什么可说。

女孩感觉这样的生活快要令她窒息了，多少次她都幻想有一次“唯美的外遇”。可是，每当想起妈妈的话，她就打消了这样的念头。

有一天，老公将一把钥匙递到她手里说："以后你就是这家的女主人了。"那一刻，她热泪盈眶。原来老公所做的一切都是为了孩子和她的幸福。

为什么很多女人结婚后会感到越来越寂寞，除了烦琐的生活以外，还有就是女人对婚姻寄予了太多的希望，当现实与理想相差太远时，女人就会倍感寂寞。

人生感悟：女人在决定结婚时，就应该认清并接受一个事实：结婚不是远离了寂寞，而是成全了寂寞。女人只有做好迎接寂寞的准备，你才不会在婚姻中迷路。

4. 别让婚内寂寞成为婚姻杀手

一个人有一个人的孤单，枕冷衾寒，冷暖自知；两个人有两个人的寂寞，满腔委屈欲与君说，君却鼾声震天，独自伤春悲秋。

结婚后，有了依靠的肩膀，女人感到更寂寞普遍存在于现代的婚姻生活中。女人除了在婚前要意识到婚姻生活的寂寞以外，还要学会正确排解寂寞。否则，爱情将燃成灰烬，婚姻将被一脚一脚地践踏，最终让婚姻中的两个人伤痕累累，甚至殃及池鱼。

要想排解寂寞，女人就要学会与老公沟通，让彼此的心灵靠近，一点就通，甚至不点就通。如此，寂寞便不再吞噬你的灵魂。

写到这，我不由得想起一个故事。这个故事讲的是一对夫妻生活了一辈子。丈夫本来喜欢吃鱼肉，而妻子则喜欢吃鱼头与鱼尾。可是，每次吃鱼时，丈夫都会将鱼肉夹给妻子吃，妻子误以为丈夫喜欢吃鱼头。所以，每次吃鱼时都会把鱼头与鱼尾留给丈夫。

几十年过去了，夫妻俩都成了鬓发斑白的老人。有一天，丈夫突然对妻子说道："我好想吃顿鱼肉。"

妻子十分惊讶地问道："你不是喜欢吃鱼头和鱼尾吗?"

丈夫说出了实情，不料，妻子却在这时哭着说道："其实，我好想吃鱼头和鱼尾，却吃了一辈子的鱼肉。"

丈夫听了，眼泪不禁盈满眼眶。他们这一辈子恩恩爱爱，从未红过脸，但他们却犯了一个共同的错误：缺乏沟通。

婚姻中的两个人如果能好好沟通，女人让丈夫感到温暖，男人让女人感到温馨，那么夫妻俩就能共同排遣婚姻中的寂寞，携手共创幸福美好的生活。

有一句话说，你给他一个苹果，他给你一个苹果，你们彼此都只得到一个苹果；你给他一种思想，他给你一种思想，你们彼此却能得到两种思想。夫妻通过沟通就丰满了彼此的精神世界，有思想的男女即使寂寞也是异常美丽的。

女人天生具有很强的语言组织能力，当你感到寂寞时，就可以找老公说说，缓解内心的寂寞。

人生感悟：沟通是排除婚姻寂寞的有力武器，女人要学会与对方沟通，共同营造幸福美满的生活，将婚内寂寞丢弃在婚姻外。

5. 一辈子的婚姻是守出来的

如果说恋爱是一场游击战、闪电战，那么婚姻就是一场拉锯战、持久战，谁能坚持到最后，谁就能笑到最后。

很多女人都有这样一种感慨：婚姻中的两个人天天生活在同一屋檐下，天天睡在同一张床上，真可谓是“亲密无间”。可是，正是这样的“亲密无间”却让彼此成了最熟悉的陌生人，没有花前月下的卿卿我我，没有浪漫的烛光晚餐，没有激情，没有感动……有的只是琐碎的家务事，没完没了的争吵。有时候因为孩子的一点小事情争得面红耳赤，有时候因为挑剔对方一点小毛病而闹得天昏地暗。总之，家里每天都是硝烟四起。

面对这样的婚姻生活，很多女人感到痛苦难忍，也倍感寂寞，常常埋怨老公不体贴自己，不知道心疼自己。她们常常怀念恋爱时的浪漫与温馨，每每想起来，都暗自落泪。时间长了，女人便觉得日子没法过了，一气之下，便选择了离婚。其实，世上没有不吵架的夫妻，不用太在意吵架，日子就能照常过。

婚姻是吃惯了的米面，每天都吃同一个味道，但每天还必须得吃。所以，女人要想与对方相守一生，就要用一颗平常心来看待婚姻，并且时不时地给平淡的生活加点调料。那么，这样的婚姻生活就会变得有滋有味。

其实，婚姻就是这么一件事：先是轰轰烈烈地爱上一个人，再结婚，然后一起生儿育女。在抚养儿女慢慢成长的过程中，一天一天地看着皱纹爬上对方的脸庞，白发丛生。到最后，天天就守着对方，吃饭、睡觉、说话、变老。婚姻的实质就是这样一种平淡中的相守。

人生感悟：能相爱一辈子固然是异常珍贵的，但女人要明白：牵手一辈子，心与心相依相偎到老才最幸福。一辈子的婚姻是守出来的，相依，相偎，相守！

6. 执子之手，与子偕老

“大街上，一个安详的老妇人和一个从容的老人微笑着，从不同的方向面对面地走近，走近；然后是微笑着，鼻尖顶着鼻尖地站着，双手紧紧地系在一起，身后西下的阳光把他们的头发和笑容染成一片暖暖的黄，身旁的人们被他们的幸福染成一片温暖。”

少女时代读到舒婷描绘的这道风景时，我的脑海中充满了无限遐想，那该是怎样的一种爱情。

长大品尝过爱情的滋味后，我才明白这应该是一种“执子之手，与子偕老”的感觉吧！“执子之手，与子偕老”的爱情没有太多的轰轰烈烈惊天动地，有的只是像流水那样绵延不断的感觉；没有太多花前月下的浪漫，有的只是相对无言眼波如流的默契……

大多数女人都是凡夫俗子，没有琼瑶式的一见钟情，也没有甜蜜得催人泪下、痛苦得山崩地裂的爱情故事，没有九百九十九朵玫瑰，也没有魂断蓝桥，有的只是在风雨兼程的路上，一双强壮有力的大手紧紧地握着一双柔弱无力的小手，迎着风雨勇敢前进。

“执子之手，与子偕老”不过是一句唯美的誓言，要把誓言变真，女人就要忍受别人不能忍受的寂寞之苦。

在百丈红尘中，女人甘愿忍受这份寂寞，在寂寞中扮演真实的自己，在寂寞中收获“执子之手、与子偕老”的爱情。

执子之手，与子偕老。在人生的道路上，两人一起并肩站立，共同凝望太阳升起又落下，一起体验天变地变情不变的永恒。

人生感悟： 时间可以冲淡一切，唯有真爱在时间的长河里越酿越醇，天长地久，海枯石烂心不变。女人想拥有“执子之手、与子偕老”的爱情，就要忍受住寂寞，在寂寞中经营自己的婚姻。

7. 幸福其实就在身边，不在苦望的对面

幸福看似遥不可及，其实就在女人的身边，女人只要去除浮躁的心灵，静下心来认真体会，你就会感觉到幸福就在你身

边。然而，婚姻中的很多女人眼睛总是看向远处，总认为幸福在苦望的对面。

白云就是这样一个女子。白云有一个幸福的家庭，老公拥有一份令人羡慕的工作，儿子也聪明可爱。可是，她整天都闷闷不乐。

原来，在她结婚的那天，她收到了初恋男友的来信，看到那熟悉的字体，她的脑海中像闪电般地闪过他们曾经的点点滴滴，但木已成舟，她带着遗憾走进了婚姻。

白云的老公不会拿甜言蜜语哄女人开心，也不会制造一些花前月下的浪漫气氛。每个月一发工资，把工资卡一交，淡淡地说："想吃什么，想买什么，尽管吃，尽管买。"

第一次拿到工资卡时，白云激动得流出了眼泪。可是，当一切归于平静时，白云变得很淡漠，觉得这样的日子太无聊，因此，她总是幻想如果自己与初恋男友结婚，那该多幸福。因为他总会给她制造惊喜与浪漫。每每想起来，白云那大滴大滴的眼泪都会扑簌簌地向下滴。

终于有一天，白云从朋友那里得知，初恋男友离婚了，原因是初恋男友出轨了。白云有些不相信自己的耳朵，这才相信会甜言蜜语、会制造浪漫的男人都靠不住。

刹那间，白云才发现自己是那么幸福，老公每天晚上准时到家，周末也是待在家里，陪她、陪儿子。从那以后，每次看到老公与儿子的笑容，她都觉得幸福无比。

幸福其实就在身边。如果繁琐的生活让女人忙得晕头转向，总觉得幸福太遥远；如果滚滚红尘让女人双眼模糊，看不见眼前的幸福；如果不停地奔跑让女人身心疲惫，无暇留意四周的幸福。那女人就停下前进的脚步，歇一歇吧，放松你的心灵，用心去体会属于你的幸福！

人生感悟：幸福是心灵深处的一种感悟，女人要用心去体会，你就会发现幸福就在你身边。如果一个女人总觉得幸福在苦望的对面，总是眺望远方，无暇顾及眼前的风景，那她永远也品尝不出幸福的滋味！

8. 谁懂远嫁他乡女人的寂寞

远嫁他乡的女人，离开自己的亲人来到一座完全陌生的城市；远嫁他乡的女人，孤灯一盏，望着明月思念遥远的亲人；远嫁他乡的女人，陌生的城市，陌生的人儿，陌生的语言，让她孤独又迷茫；远嫁他乡的女人，真挚的友谊随她的远嫁如流水逝去……

远嫁他乡的女人是孤独的，是寂寞的，是冷清的。窗前一轮皎洁的明月，一个孤独的倩影，泪眼婆娑。

一个男人从背后抱住了她，柔声问道：“是想爸妈了吗？等我忙完这一阵子，我陪你回去看他们，好吗?”她默不作声，只是静静地看着那轮明月，老公这样的话已经不知道说过多少遍了，可是，忙完这件事还有另一件事。自从离开家乡以后，她便再也没有回去过。曾经说一年回去一次，理想很丰满，现实却很骨感。父母慈祥的脸庞，童年时期那天真浪漫的笑容，那散发着芳香的泥土气息都令她无比思念。

家乡的一切是那么的让人怀念，而平淡似水而又繁琐的婚姻生活却让她寂寞难忍。她要照顾公婆，要照顾孩子，要做一大堆的家务。

每当受了委屈时，她多想扑进母亲的怀里，感受家的温暖；每当寂寞难忍时，她多想找个朋友逛街聊天。很多时候，她都想给父母打一个电话，可是，她却害怕听到电话那头哽咽的声音；多少次，她曾鼓起勇气给朋友打一个电话，可是，拿起电话又放下，听见又不能相见。

在这座举目无亲的城市里，寂寞、思念与冷清就一点一点地吞噬着她的灵魂，令她痛苦不已。许久，她转身走进了卧室，蒙着被子躺下，任泪水直流，她知道这是自己选择的道路，再苦再累再委屈，她必须走下去，即使跪也要跪着走完！

人生感悟：一个远嫁他乡的女人，为了自己爱的那个人，放弃了一座城。在婚姻生活中，她将承受更多的孤苦、寂寞。尽管如此，她仍然坚强地前行，憧憬幸福的生活。

9. 深夜，在网络里消遣寂寞的女人

一轮弯月在天边静静地挂着，清冷的月光洒向冰冷的大地，幽暗而又深邃；凉爽的微风轻轻吹过，不愿留下它的倩影；路边的灯光一闪一闪的，好像在眨眼，又好像在诉说着什么……“啪嗒啪嗒”的响声划破了夜空的宁静。

灯光泛着点点星光，一个孤独的倩影正坐在电脑旁，纤纤十指在键盘上飞快地舞动着，似乎只有那些文字才能化解她心中的寂寞。她，一个才华横溢的女人，一个与现实格格不入的女人，一个寂寞难忍的女人。她把满腔心事融进文字堆里，与志同道合的文友在网上共赏文章，仿佛只有在网络中才能解除心中的寂寞。

“亲爱的，睡觉吧！”老公睡眼蒙眬，催促着她睡觉。她一边敲打着键盘，一边回答道：“还有点结尾没写完，写完就睡觉。”

老公沉沉睡去，她依然书写着她的文字。写完之后，她

将文章上传到微博，刚传上去，很多博友都纷纷给她写评论、留言，望着那些真诚的问候与嘉奖，她的心里像吃了蜜一样甜。所有的烦恼与寂寞瞬间散去。

她一一回复后，便关上电脑，带着微笑沉沉睡去。她很自豪，虽然这些年自己一个人常常在网络上消遣寂寞，与很多网友谈天说地，共赏文章，但她从未在网络里迷失过自己。因为一个人时心不用设防，头顶静谧，放任思绪，任由寂寞与脆弱在文字里倾泻，纵情地让那些抑郁的情绪变成无病呻吟的哀怨，随文字而去，在幽静的夜空里一沉再沉，直至消失。

女人，或许在网络里写写文字，也不失为一种好的消遣寂寞的方式，让你的内心获得释放。

人生感悟：在寂寞时分，女人写写文字，这不失为一种好的消遣寂寞的方式。当寂寞化成文字时，寂寞便不再是寂寞。

10. 夫妻分居，耐不住寂寞就与幸福擦肩而过

“柔情似水，佳期如梦，忍顾鹊桥归路。两情若是久长时，又岂在朝朝暮暮。”秦观的这句词是对两地分居男女的最好写照。

相见时难别亦难，两地分居的男女聚少离多。虽然说距离产生美，但长时间的分离，距离产生的也许不再是美，而是小三。女人在两地分居的婚姻生活中，更需要耐得住寂寞。可是，许多分居的女人，却往往耐不住寂寞，走向出轨。

于荣结婚两年多，因为彼此的工作，夫妻两人长期分居。于荣在北京，而老公在广东。刚结婚时，老公天天给妻子打电话，偶尔上网聊天，每到放假日，都会提前一天回北京团聚，感受“小别胜新婚”的浪漫与激情。可是，时间长了，留下的只是苦苦相思。

每当夜深人静时，于荣都会站在窗前凝望夜空。住在她房间对面的一名男子晚上也常常起来喝一点小酒，那男人英俊的脸庞总是透露着一股忧郁。也许两颗心都很寂寞吧！当

他们望见彼此的那一刹那，眼睛里多了一种久违的心动。

后来，他们慢慢熟悉了。一天晚上，当于荣再次站在窗前时，那个男子却敲响了她家的门。

凭感觉，于荣知道那是他。她那颗寂寞的心按捺不住心中的喜悦扑通扑通地跳了起来。她有过一丝犹豫，但她还是打开了门。寂寞的心与寂寞的身体在那一夜燃烧着炽热的火花。

经过那一夜，于荣知道这样下去的后果，也知道这是寂寞惹的祸，更清楚自己心里仍然深爱着老公。第二天，她作出了一个决定，辞去令人羡慕的工作，立即飞往老公所在的城市，将那一夜的缠绵彻底埋藏在了记忆深处。

在喧嚣的城市中，总有一些人不能与自己爱的人时刻相守，过着两地分居的生活。分居生活寂寞难忍，女人更需要用毅力熬过这种寂寞时光，守望幸福。

人生感悟：距离产生美，但长时间的分离所产生的寂寞却让女人难以忍受，很多女人在这时候因为耐不住寂寞，最终埋葬了婚姻。

11. 离婚并不能驱散寂寞

很多女人都有这样一种感受：一个人时羡慕一家人的生活，一家人时羡慕一个人的生活。很多女人走进婚姻后，不由得惊呼婚姻果然是爱情的坟墓，而且比一个人时更寂寞。与其被一家人所累，不如自由自在地生活。因此，来不及深思，就匆匆选择了离婚。很多男男女女结婚结得快，离婚离得也快。

曾经看了一期节目《毕业那天我们结婚了》。这节目讲述的是一对大学生，他们一个是福建人，另一个是长春人，彼此都是独生子女。俗话说，有情人终成眷属。可是，在如今这个社会里，爱情与幸福已经成了一种奢侈品。有情人不但没成眷属，许多大学生反而是毕业了就失恋了。因为他们的父母都希望自己的孩子回到自己身边，大家都知道异地恋很难修成正果，因此，距离美产生的不是美，而是一种距离。故事中的主人公小叶与小白就因为这种原因，便在毕业那天结婚了，并留在自己所在的城市一起打拼。

然而，生活并不是他们想象中的那般幸福，更没有恋爱时的浪漫。当他们不断地为工作发愁，为油、盐、柴、米、酱、醋而忙碌时，他们感到身心疲惫，而争吵也随之而来。争吵多了，彼此都感觉对方离自己越来越远，他们最终因为忍受不了婚姻的寂寞而决定离婚。

那些经历过结婚、离婚、再婚的女人都觉得婚姻就像旅游。一个人旅游多了，才发现大多数风景都是一样的。婚姻也是如此，一个女人如果不能忍受这段婚姻的寂寞，那么下段婚姻还会葬送在寂寞中。因为寂寞蕴藏在每一段婚姻中。

人生感悟：女人不要因为寂寞而结婚，更不要因为寂寞而离婚。如果因为寂寞而离婚，离婚不仅不能帮助女人驱散寂寞，还会使女人更加寂寞，甚至寂寞一生！

第九章

孤独并寂寞着，幸福并快乐着

在现今社会，幸福快乐与孤独寂寞是并行的。每个人说到底都是孤独者。女人对于孤独的体验甚于男人。她们天生是情感的动物。会寂寞无聊，会歇斯底里，会悲伤烦恼。但即便悲伤失望，她们也不悲观不消极不低沉，给别人以阳光，给别人以微笑。

1. 左手寂寞，右手幸福

你幸福么？经常听人这么问。女人天生对“幸福”有着独特的敏感性。不同于男人，她们是感性的动物。她们时常会问别人或问自己，关于爱，关于幸福。

如果我要问你，“你幸福么”？你会怎么回答？你是毫不犹豫地回答“是”，还是犹疑不决地说“我也不知道”。每个人幸福与否，答案在心中。幸福只是个人感觉，有时活着就是幸福，有时看到清晨升起的太阳就是幸福，有时被人爱着是幸福，也有时，幸福只是幸福，没有理由。幸福，就像时光老人分给每人一天的 24 小时一样。每个人的幸福是均等的。只是悲观的人说幸福遥不可及；乐观的人说幸福就在身边……

一个女人幸福与否，不是她拥有得多，而是她计较得少。很多女人婚前婚后是有变化的，婚前文静贤淑淡泊的女人一旦步入婚姻，有了孩子，照顾老人，还要忙着工作。她们的耐受力会降低。她们会开始抱怨生活的种种。抱怨婆婆的不是，丈夫的不对。然后她们觉得，幸福早就不属于她。

可是女人似乎忘了，不幸福，只是她的要求多起来了啊。

其实，幸福就像空气，无处不在。只要你懂得寻找，一定能发掘生活中的美好。幸福是一种能力，对于想拥有完美的家庭的女人来说，这是必备的一种技能。无法感知幸福，怎能看到光明？

可是福祸相依，人能感受幸福，必能体验寂寞。寂寞是一种无法自拔的心理状态，是一种软弱，是一种歇斯底里的无奈；寂寞，更是一种和自己过不去的挣扎。寂寞，在很多人看来，是一种病态，是抑郁是彷徨。所以寂寞的人寂寞久了，需要温暖，更需要心灵的解放。

所以我们要用右手抓紧幸福，因为我们最常用右手。然后左手握着寂寞，虽然左手使用起来不方便，但它总是那只喜欢被揣在口袋里的手。把寂寞揣在口袋里，它可以流走，也可以停留。但这都无妨。希望有一天，我们能躺在无风的黎明里，左手轻抬，挥走那不该留有的寂寞；右手重生，抓住那些给自己允诺的幸福。双手并拢，寂寞与幸福在游走穿行。

人生感悟：幸福对女人来说，关乎生活的质量。但是不经历寂寞的人，无法感知幸福。就像没有家庭的女人不懂生活。知道什么是寂寞，才能抓紧幸福，当幸福来临的时候，握紧你的右手，紧紧地，不放手。让幸福驻留，为寂寞奏一曲欢歌。

2. 品一杯香茶，让寂寞伴随

苏轼有诗云："戏作小诗君一笑，从来佳茗似佳人。"好的茶叶总是芽叶鲜嫩，茶香清幽，泡在透明的玻璃杯里，碧绿的一团，在滚烫的水里翻滚、热闹、喧腾，直至最终沉入杯底。女人如茶。不一定漂亮动人，却一定是清爽怡人，干净透彻的。女人如茶，体现出来的是一种味道。初尝干涩，再舔鲜甜，细品又或是甘醇。

女人与茶的缘分早在古时就已深埋，所以女人要学会品茶。会品茶的女子，一定善解人意，她们感性而理智，聪明而灵动。她们能让孩子快乐，老人幸福，也会让丈夫感到温暖。

常常在午后时分，三五知己泡上一壶好茶，放下尘世中的一切不快，抛开生活里的繁杂琐事，只是简单地单纯地，享受那份难得的悠闲，感受朋友的情谊，体味品茶的乐趣。

细细地品那杯浓浓的香茶，苦涩中有甘甜，那口温润的液体经由舌尖直抵喉咙，沁人心脾。茶香挡不住，像是春风吹拂春水，荡起阵阵涟漪。弥散在空中的香气仿若冬日暖阳，温暖人心。

人们说：茶是用来品的。品茶对人们是有要求的，合适的茶具，以及恰当的心情。不急不慢，不焦不躁，带着禅悟的心情去品这杯香茗，才算对得住那碧水清波绿叶芽。

有人说，好茶经由大自然的滋养，被人们采摘下来，经过晾晒，炒压等工序制作而成，工序繁琐。好女人又何尝不是如此，她们的性情，经过岁月的洗礼，受过生活的煎熬，在命运的磨砺后，自然就成了那清香悠远的好茶。一个真正懂女人的好男人，应该像资深的茶客一样，慢慢品尝，细细回味。这样的茶客珍惜好茶。这样的男人才懂得爱护女人。

有时候人生漫漫，就像是品茶，由苦涩化为甘甜，这之外，还有很多无法言说的滋味在舌尖心头迂回流转。人生又何尝不是如此？有苦有甜，有起有伏，有尝试有回味。如果我们只懂一味抱怨。抱怨人生苦悲，命运坎坷，抱怨生活艰难。可能到最后，我们永远都尝不到人生真谛。最美好的风景，早被错过。生命自然少了几分色彩。

因此，寂寞是最好的伴侣，带上它，一起来品那杯香茗吧！也许，在寂寞中静静地品尝这杯香茗，你会发现茶的味道更加甘醇。

女人似茶，注定会与茶为伴。等到有一天，她们品出那杯无尽滋味的香茶，或许会明白，她们将如何在逆境中张开翅膀；她们终将学会如何去做才是最好的爱；她们会去向往，会在风中孤单地成长。

人生感悟：女人，试着在冬日寂静无人的深夜，独自一人，窝在沙发上，盖着厚厚的毯子，为自己泡壶清茶。一个人慢慢品，人生很多感悟许多顿悟也许就是这样被开启的。她们不再需要别人的陪伴，不再需要别人的怜悯，也不再害怕天黑，不再害怕孤独，不再害怕被人遗忘。她们最终学会，如何带着寂寞活到老。

3. 一路风景，寂寞如歌

三毛说，旅游是灵感的来源之一。因此撒哈拉沙漠到处都有她的背影。她去西班牙，跋山涉水，去小岛探险，心血来潮也会背着行囊离开家独自跑去山洞过夜；她可以独自在沙漠走很远，只为寻一棵绿色的小草；她常常疯狂地跑去沙漠捡骆驼的骨骼，捡汽车掉下的零件。

她说人生是寂寞的，她习惯不被人打扰的安静生活。从台湾到欧洲，长达几年的旅行让这个女人变得大胆独立勇敢。一路风景，一路高歌，一路爱情。沿途这样的风景，成了三毛创作的所有源泉。

是的，人在旅途，是安静的，也是寂寞的。没有喧嚣声，更没有熙熙攘攘的人群声，有的只是如画般的风景。不过，如果你耐不住寂寞，那么你就没有心情欣赏眼前的风景，再美的风景也不算美。所以，人在旅途，最重要的是拥有一颗能够欣赏风景的心。即使你身处沙漠，抬头也能欣赏夜空中的星星。三毛正是因为耐得住寂寞，才有心情去欣赏那一路风景，灵感才如泉涌般地涌现。

所以，不管在哪里，只要你能耐得住寂寞，有心情去欣赏风景，那么你的人生处处是风景。即使在你家的附近，你也能欣赏到如画般的风景。

临近傍晚，秋天的夕阳慢慢西沉，橘色的光辉染了西边的天；离家不远的公园里，人们三三两两坐在一起，谈天说地；孩子们你追我赶，追逐嬉笑；也有人，则坐在长凳上，就着夕阳的余晖，安静地翻着几页书。更远处音乐声响起，跳舞的大娘大爷集合了……毫无疑问，这会成为你眼中的风景。

人生感悟：女人一辈子必须独自一人进行一次长途的旅行，不为别的，只为旅途中那些不期而遇的惊险，那份远离尘世的恬淡心情。一个人如风如雨，一个人如诗如画，一个人又是寂寞孤独的，但风景如画，一个人又是美丽的。寂寞如歌，一同唱好这首歌吧。

4. 聆听音乐，在音乐世界里自由翱翔

“风吹落最后一片叶，我的心也飘着雪。爱只能往回忆里堆叠，给下个季节。忽然间树梢冒花蕊，我怎么会都没有感觉？整条街都是恋爱的人，我独自走在暖风的夜，多想要向过去告别。当季节不停更迭，却还是少一点坚决，在这寂寞的季节……”

多年以前，正是大学毕业，人生茫然的时候，偶然间，她听到这首《寂寞的季节》，刹那间泪流满面。慵懒而平静的独白，像在夏天的傍晚，淋着雨，吹着风，淡淡地伤感。此后无论是孤独还是寂寞，想自己一个人的时候，就静静地倚在窗前，什么也不干，耳机里播放着泉水叮咚，舒缓怡人。想起很多过往，很多失落，很多直至毕业还留有的遗憾……黑夜里泪水滂沱。寂寞，孤独，无边无际地蔓延，直到彻底将自己包围。

喜欢听音乐，它是一个宣泄口，多情的女人会将长久累积的苦闷压抑彷徨失措，在这儿统统像流水地一股脑儿倾泻。第二天，好像什么也没发生，精心地打扮化妆，蹬着高跟鞋，

精神抖擞信心百倍地走出门。她可以微笑着告诉自己，生活继续。

音乐有时是讲故事的人，故事本身、故事里的人，和自己的事或自己认识的人竟如此相像。女人的天性会让她容颜失态，无语凝噎……音乐，无论它是那个让你放声大哭的宣泄口还是那个和你呢呢喃喃的说故事的人，它都有一种魔力，能让人在寂寞中深思、怀念、回忆。让人忆及太多太多往事。它是世间精灵，微妙又贴近人们内心。它无时不在，无处不在。有时是鸟语花香，泉水叮咚，是松涛怒吼也是雪花舞落，有时候又仿佛看见翠柳绕堤……陶醉在这虚幻的世界里，人们可以忘记一切纷扰，重拾快乐心情，生活美妙依旧。

宁静的夜，繁华的都市，寂寞的人听一首寂寞的歌。枫树的叶子轻轻摇曳，沙沙声仿佛在奏一段哀伤的交响曲。月亮蒙上一层薄薄的面纱，露出半个弯弯的脸……

人生感悟：音乐是最通灵的艺术。女人气质修炼的必备课程便是聆听，听各种各样美妙的音乐，用音乐洗刷被蒙上灰尘的灵魂。女人的生活可以没有玫瑰钻石，却不能没有音乐。有了音乐，万般心事才有诉说的对象。钟爱音乐的女人更能耐受寂寞，在寂寞时听曲子是最惬意不过的事。

5. 驻足凝望，静听花开的声音

世上美景有千种万种，妖艳的玫瑰，纯洁的百合，冷傲的腊梅，热烈的牡丹……绚烂多姿的美丽热烈缤纷地展示在人们眼前，每人都在赞叹花匠的妙手回春大自然的巧夺天工。美丽，属于这些活泼的花儿。不过，你可曾静下心来，驻足聆听，一朵花开的声音？

蝉儿啾啾声声悲鸣，风儿轻轻拂动，数不尽的星星眨着瞌睡的眼，万籁俱寂的夜晚，独自一人，斜倚在窗台，想起数不尽的过往，也或许什么都不想，吸一口清新的空气，凝神静气，微闭双眼，等待着一朵花开，聆听它在清风吹拂的夜晚，静悄悄，静悄悄地绽放。

有人说，能够静听花开声音的女人是幸福的女人，是懂得爱的女人。因为一个女人能静听花开的声音，那么她一定是心存美好，远离喧嚣，内心一尘不染的女人。

然而，在“女权主义”日益盛行的今天，越来越多的女人忙碌了起来，她们忙着赚钱，忙着打扮自己，忙着穿梭在各个社交场合。她们做人有心机，做事有手腕，成了八面玲珑的职场女强人，原本柔弱的心早已被社会这个大染缸染成了五颜六色。

所以，她们没有时间来欣赏含苞待放的花朵，没有耐性等待一朵花开，更没有心情停下脚步，静静地倾听花开的声音。

忙碌的女人们啊！停下你匆忙的脚步，静静地倾听那花开的声音。当你真的远离喧嚣，内心安静时，你会发现每一种花开的声音都不一样。剑兰干脆利落，木槿含蓄，牡丹热烈……

在人生这段旅程中，美丽、芬芳的花朵竞相绽放，每一朵都传递出无比美妙的声音，等待你用心去倾听。女人，远离喧嚣，心存爱意，认真地去聆听那花开的声音吧！

人生感悟：人生需要思考，需要一段极为静谧的安静时光来点醒自己，客观地审视自己。女人，当你忙碌得停不下脚步的时候，不妨驻足停留。作一次长途的旅行，聆听一次花开的安静之声。

6. 境随心变，在寂寞中收获快乐

佛语说：“物随心转，境由心造，烦恼皆心生。”“境随心转则悦，心随境转则烦。”心态决定境遇，面对寂寞，有的女人学会了享受寂寞，那么就能在寂寞中收获快乐；有的女人逃避寂寞，结果却在寂寞中泪流满面。

不少女人善妒，喜欢攀比。越是善妒，她们就越寂寞。当她们看到比自己身材好脸蛋漂亮的美女就浑身不自在，殊不知，再漂亮的女人也有容颜改变的一天，内在气质和韵味的修炼才最重要；看到别人家有车有房就嫉妒咒骂，殊不知，人家靠努力有了今天的房和车；看到工作比自己出色的同事就暗中使绊，殊不知，想要得到上司赞赏的唯一方式是付出别人十倍的努力。很多女人拿放大镜看别人的缺点，抱怨这个世界的不公，雄心勃勃极力改变这个世界，却很少审视自己，通过改造自己来获得世界的认可。

所以，托尔斯泰说：“大多数人想改变这个世界，但却极少有人想改造自己。”面对寂寞也是如此，如果你执意逃避寂寞，而不去战胜寂寞，那么你永远也不会得到快乐。那些能直面寂寞的女人是幸福的，也是快乐的。

每天早上醒来，她们不为即将来临的事情发愁，也不为将要解决的问题烦恼。在她们看来，孩子哭了，那啼哭不再是噪音，而只是一个宝宝需要妈妈爱的抱抱；厨房的油烟不是美容杀手，只是女人证明自己另一种身份的象征。只要这样想，她们每天都会很有动力地去做这些事！女人，满怀信心地起床迎接新的一天，享受生活的过程吧！努力证明今天你努力了，明天才不后悔。

心灵强大的女人能从寂寞中寻找和发现快乐，会找到幸福，会觉得满足。这样的女人更容易被男人接受，被朋友喜欢，做起事情来就会更顺利些。心里沐浴着阳光，外面的世界也就处处是光明。播下一种心态，收获一种性格；播下一种性格，收获一种行为；播下一种行为就收获一种命运。心态到底还是决定着命运啊！

人生感悟：女人的心态变得积极，就能战胜寂寞，就会得到快乐，改变自己的命运。乐观豁达的人，能让平凡的日子变得有意思，能把沉重的压力变得活泼轻松，能让苦难的时光变得甜蜜珍贵，能把繁琐的事变得简单可行。

7. 因为耐得住寂寞，所以幸福

借用当今一句流行的话：“婚姻是爱情的坟墓，没有婚姻，爱情将死无葬身之地。”一个人尤其是女人，无论出身名门，毕业于名牌大学还是工作在外企，物质、金钱和爱情都不能证明她的完整，一个完整的女人必然会经历婚姻家庭生活。

林芳结婚四年之后，丈夫因为工作的关系被调去国外进修，而且一待就是两年。丈夫一走，林芳的心空落落的，每天的她，一个人下班，一个人吃饭，一个人睡觉。她最怕电闪雷鸣，每逢打雷下雨，她都躲在被窝里，吓得不敢出气。拿起手机给丈夫打电话，因为时差的关系，那边的声音总是在忙碌，她只好无奈地挂了。

一个人的日子，寂寞又孤独。

偶然的一次机会，她心不甘情不愿地被同学拉去聚会，在 KTV 狭小的包间里，碰见了初恋情人张建。谁说见面亦是朋友？林芳见到他，内心在翻腾，往事一幕幕在眼前闪过。她对面前的这个人，既爱又恨。当年若不是他一意孤行去英国留学，说不定现在俩人早结婚生孩子了。往事何须再提，现在的这个人，已经跟自己没关系了。

可是不知是朋友起哄还是张建故意使然，他挨着她，两人一起唱歌，她的心像小鹿乱撞，怦怦地跳着。接下来的日子，张建给她打电话，给她送花，约她吃饭。照理说她应该是置之不理的，可是神使鬼差，她总是兴高采烈地接受他所有的邀请。

直到有一天，临近傍晚，收到丈夫的信息，说："老婆，今天是咱们的结婚纪念日。原谅老公在外地不能陪你过。你要永远记得，老公爱你。"正在这时，门外的铃声响起，打开门，映入眼帘的是一束玫瑰。丈夫送她的。她哭了，既而又笑了起来。从此后，她再也没有与张建见面。每天拼命努力地工作，闲暇时分进修，学英语，练瑜伽。忙得不亦乐乎。

一年以后，丈夫因为业绩突出，被总部特许提前回国。他们继续过着幸福的日子。

女人也有孤枕难眠耐不住寂寞的时候，女人也很容易被更优秀的男人吸引，生活不是一成不变的，女人一生的大部分时光会被寂寞淹没。如何打发寂寞时光靠的是女人的智慧。

左手寂寞，右手幸福，握住寂寞的同时也就抓住了幸福。所有的诱惑背叛激情后，曲终人散，终究不过是一个人寂寞的虚无。与寂寞为伴，痛并快乐着，幸福在招手。

人生感悟：对女人来说，婚姻很重要。婚姻是城堡，拥有城堡的女人才是公主。但是公主要守住城门，才能迎接心爱的王子的到来。在婚姻里做个诚实的等待者很重要。忍住一时诱惑，守住寂寞，耐住寂寞，也就守住了幸福和快乐。

8. 幸福不是只有一个解释

幸福是一个朴素的巧克力盒子，当你忍不住打开它的时候，其实能发现更多惊喜。里面的每一颗巧克力都是精心包装过的。每一种形状，每一种颜色，每一种滋味，都足以让人陶醉。大的、小的、黑的、白的、苦的、甜的，各不相同。但它们都有一个共同的名字，叫幸福。

所以，每个人都可以拥有幸福，这并不取决于你的生活状态，而是取决于你的心态。住在豪宅里是一种幸福，蜗居在草棚的人也有她们的幸福。每个人都该是幸福的，因为每个人的身边都有家人。每个人又都是寂寞的，因为不是每个人的身边人都与你心有灵犀。寂寞也好，幸福也罢，取决于个人心态。乐观的人以为在寂寞中的人才独具慧眼看穿红尘俗世，悲观的人只会沉沦在无边的寂寞里无法自拔。

见过一对乞丐夫妻，丈夫是盲人，拄着拐杖。妻子走在前面，领着丈夫。他们挨家挨户乞讨。讨得累了，就在大桥底下休息。妻子将讨来的剩饭剩菜分给丈夫，将鱼和肉分拨到丈夫的碗里。她囫囵地吞着剩下的夹着菜汤的饭菜。可是每次看丈夫吃饭，碗里剩下的全是鱼肉。他说，这些有营养的要留给她吃。她是每天最辛苦的人。夫妻俩总是这样推来推去，结果，两人笑着共同分享了。

路人看到这一幕，该作何感想？会依然认为所谓幸福就是锦衣玉食么？一直以来，人们都渴求幸福，也在追寻着幸福。何曾知晓，幸福只是一种感觉？与名利无关，与金钱无关，幸福源自最平凡平淡的生活。

上帝给人们公平的机会，当你闭着眼睛打开巧克力盒子，抽取属于自己的那颗糖，就注定你是幸福的。我们所要做的，无非是享受属于自己的幸福而已。

人生感悟：有情调的女子会把日子过得五彩斑斓，在她们内心，幸福是丰富多彩的。真正的幸福来自人们的内心，是金钱和权力征服不来的。富人有富人们高贵的烦恼和忧愁，穷人也有穷人们平凡的幸福和快乐。努力吧，做个幸福的女人。

9. 心静如止水，才能宁静以致远

一向以为宁静方能致远，心里装着宁静的女人才能事事豁达洞明。但心如止水，绝非是心如死水。女人的心如止水是从容淡定的，也是大方优雅的，遇到困难冷静应对。在喧哗浮世中也能克己自持，绝不被声色犬马所诱惑。而心如死水的人不过一具行尸走肉而已，没有理想没有希望更没有生活的勇气。

诗人汪国真说：博大可以稀释忧愁，深色可以覆盖浅色。人宁静然后致远。宁静是一种古朴的情怀。正如“曲径通幽处，禅房花木深”，聪慧的女人置身于幽静小院，在丛丛花木掩映下，手把烛光，读一本自己喜欢读的书，写几句深情的词句，听那泉水淙淙，看那花开花落。

宁静又是一种生命态度。面对这个忙碌的充斥着压力的世界，女人只是忙碌再忙碌。走完一段，还得再走一程，全然像是赶路的骡子和马。何来宁静？有人说生命在于运动，在这个浮躁的社会里，或许生命的真谛在于宁静平和。得意时、失落时、快乐时、痛苦时，都能为自己找到一片自由的天空，这会让我们忘记一切宠辱。看花开花落，观云卷云舒，将心交给一片芭蕉叶和快乐的雨滴，任雨打芭蕉，浮世尘土一点一点地消去，纯真与灵动一缕一缕纤尘不染地从内心流出，那份清幽淡雅才是生命的本初啊……

欲望人皆有之，女人在这欲望的游戏中，真正要修炼的不是如何克制欲望，而是如何在欲望的横流中找到平衡。如果你能一边享受盛宴一边享受寂寞，如果你能走得很远还能回头望一望自己丢了什么，如果你能自如地游走于宁静和喧嚣之间，恭喜你，你已经通达四方无需再读此书了。

人生感悟：清心寡欲的女人意念单一专注，行动起来会更果断坚决。闲谈莫论人闲，静坐常思己过。女人必须常常放空自己，让身心处于宁静状态，才能使自己志向明确坚定，不安定清静就不能实现远大理想。要学得真知必须使身心在宁静中浸润渗透。

10. 守候寂寞，享受寂寞

南宋著名女词人李清照与夫君赵明诚相识相恋直至成亲

后，琴瑟和鸣，恩爱有加。赵明诚酷爱研究书画古器。他曾说“宁愿饭蔬衣简，亦当穷遇方绝域，尽天下古文奇字”。李清照理解并支持丈夫的这种爱好，她节衣缩食，千方百计为丈夫弄来这些金石书画。日子虽苦，但二人却过得其乐融融。

但好景不长，迫于世事纷争，他们夫妻二人离离散散。在婚后的第 29 年，赵明诚客死他乡，这给李清照很大的打击。国破家亡，满目疮痍，伤心绝望的李清照带着丈夫的遗物流徙于各地。经过坚持不懈的艰苦努力，终于将赵明诚研究金石的遗稿认真校正誊录，并作了一些增补，集成了《金石录》。

有时女人选择守候寂寞，守着的是一份不能从头再来的爱情。正如李清照，守着对丈夫的爱，用坚定的信念做了自己所能做的事，完成了丈夫生前的遗愿。

也许，有些女人守着的是一个不被世人理解的信仰，一个平凡的工作，但她们甘于寂寞，内心是踏实坚定有希望的。她们永远是最平凡的一个，但信念坚定无比，坚不可摧。

也许，有些女人选择守候寂寞，守候的是一份难以割舍的亲情，一段历经岁月沧桑的友情，我们选择了寂寞，却守住了真情真意，守住了一份感情一种幸福。

梁实秋先生说：寂寞是一种清福。古时陶渊明、李白等圣贤谁不是在寂寞中守候自己的家园？没有寂寞的守候和等待，梅花哪能香自苦寒？没有千万次的找寻不遇，哪能理解蓦然回首伊人就在灯火阑珊处的幸福喜悦？守候寂寞的过程也许充满了无奈、失落和痛苦，但结果一定是令人愉悦和惊喜的。

人生感悟：女人并非弱者的代名词，女人的坚韧和毅力有时超乎男人想象。守候一份寂寞需要十分的勇气。但人生的旅途不是谁都有这种果敢。一旦人们作出选择，会无一例外地收获很多意外。这份意外也许是爱情，也许是事业，也许是你想也想不到的惊喜。

11. 在安静中盛享人生的清凉

有一位女强人，经营着一家餐馆，在全国各地都有连锁店。她精明能干，事业做得风生水起。但却始终开心不起来。她来到苍山古寺，找到该寺院的方丈。她说自己现在事业成功，生意遍布各地，却时常苦恼。钱多了，认识的人多了，却开心不起来。自己实在难得有安静的时候，有时有安静的机会却怎么也静不下来。她问大师："师傅，我怎样让自己沉静下来?"

大师笑了笑说，练习书法。

大师为何让自己练习书法？这位女强人很是纳闷。但见师傅并不想多言，也就不便再问。

又过了段时间，她再次来到寺院，这次却不比以前，她看起来快乐很多。眉宇之间，有着一种别样的悠然自得。她说此次来是感谢住持，自每日练习书法以来，每天都有一小段时间属于自己，她面对那个烦躁的自己，同自己对话，感觉真的神清气爽了不少。

方丈听完，笑曰："让你练习书法，只是为了捆绑自己的手。人的手，总想要拿些东西。看见漂亮的衣服，就想摸一把；看见钱，就想抓一把；看见任何想要的，都想据为己有。现在，你的手抓住了这支笔，专心于书法研习，如此一来，就不会想别的了。"

有时，女人的幸福不过就是这样，在清风吹拂的无人的早晨，捏一支笔，抄写经书。安静中自有一份快乐。有人说看一个人活得幸福不幸福，就要看她能不能睡得着，是不是想醒来。睡得着，说明心安，问心无愧方能心安；想醒来，说明心美，心有希望才能心美。女人守着家庭把日子过好本来就是非常了不起的事了。不能什么都想抓什么都想要，欲望多了，烦恼也就多了，内心承载太多无用的东西，迟早有一天因为负荷趴下。蚯蚓所以能钻到很深的地下，就是因为它卸去了所有手脚，阻碍少了，就钻得深了。

好些时候，我们把原本可以过得精彩的生活过得枯燥了、庸俗了、乏味了。它们在时光里经过，却留不下任何痕迹。很多女人，过了很多年以后，再回看自己，会发现人生全是空虚和无聊。这是因为我们花太多精力追求太多我们原本可以不需要的东西。

人生盛时需静思，铅华散尽最好看。

人生感悟：“从明天起，做一个幸福的人，喂马，劈柴，周游世界；从明天起，关心粮食和蔬菜；我有一所房子，面朝大海，春暖花开。”每天早上醒来，想想自己究竟要什么。自己能活成什么样，自己会活成什么样。朝着梦想的方向前行，摒去那些不需要的用不着的欲望和贪念。一身轻装，会走得更远。